U0096609

審計委員會參考指引

協助審計委員會發揮職能與創造價值

 社團法人中華公司治理協會

免責聲明

本指引由中華公司治理協會撰寫編製，提供在台灣證券交易所上市、證券櫃檯買賣中心上櫃及興櫃公司的董事會、審計委員會及其獨立董事參考。

本指引不具法令的強制效力，也無法窮盡規範與審計委員會行使職務上所面對的相關事宜。敬請讀者根據自身企業股權結構、董事會階段性定位、經營狀況及規模等條件，自行判斷運用本指引的程度。

本協會對使用本指引建議，所可能產生的爭議及引發之損失與責任，概不負責。

本指引引用之法規及其他相關資訊，係截至到2020年9月，敬請讀者自行注意相關法規之更新。

目錄

序文　　　許璋瑤董事長　推薦序　　　　　　　　　　　13

　　　　　邱欽庭董事長　推薦序　　　　　　　　　　　15

　　　　　陳清祥理事長　序　　　　　　　　　　　　　17

給獨立董事的十大建議　　　　　　　　　　　　　　　19

給審計委員會的十大建議　　　　　　　　　　　　　　21

第一章　審計委員會之職權範圍　　　　　　　　　　　23

　　　1.0　重點摘要　　　　　　　　　　　　　　　　24

　　　1.1　公司治理與審計委員會　　　　　　　　　　24

　　　　　1.1.1　董事會與公司治理　　　　　　　　　24

　　　　　1.1.2　審計委員會於公司治理下的功能　　　26

　　　1.2　審計委員會之核心職能　　　　　　　　　　28

　　　1.3　審計委員會與董事會，以及其他功能性委員會之關係　33

　　　　　1.3.1　審計委員會與董事會之關係　　　　　33

　　　　　1.3.2　審計委員會與風險管理委員會之關係　34

　　　　　1.3.3　審計委員會與提名委員會/薪酬委員會之關係　36

　　　1.4　審計委員會成員執行職務時應有的認識　　　36

　　　1.5　重要法規、守則與參考範例　　　　　　　　39

第二章　審計委員會之組成　　　　　　　　　　　　　41

　　　2.0　重點摘要　　　　　　　　　　　　　　　　42

　　　2.1　審計委員會成員與召集人應具備之資格與選任　42

　　　　　2.1.1　審計委員會成員之資格　　　　　　　42

2.1.2　審計委員會成員與召集人之選任　53

2.2　審計委員會成員與召集人宜具備之能力與經驗　55

2.2.1　審計委員會整體應具備之能力與經驗　55

2.2.2　審計委員會召集人宜具備之能力與經驗　56

2.3　審計委員會成員之就任與進修　57

2.3.1　就任　57

2.3.2　進修　58

2.4　重要法規、守則與參考範例　59

附件 2-1：審計委員會召集人實務範例　60

附件 2-2：新任董事就任說明　63

第三章　審計委員會之運作　67

3.0　重點摘要　69

3.1　審計委員會組織規程　69

3.2　年度會議計畫與開會時程之擬定　70

3.2.1　年度工作重點之擬定　70

3.2.2　年度會議計畫　71

3.3　議程之確定與執行　72

3.3.1　議程之擬定、臨時動議與召集通知　72

3.3.2　會議資料之提供與請求　73

3.3.3　會議前之準備　77

3.3.4　開會、出席與決議　78

3.3.5　議事錄之製作與確認　81

3.3.6　不同意見之表達與處理　83

3.3.7　決議事項之追蹤　85

3.3.8　執行職務之支援系統　86

3.4　與管理階層之互動　　　　　　　　　　　　　90

3.5　重大財務業務事項之審議　　　　　　　　　　91

　　3.5.1　重大財務業務行為處理程序之訂定與修正　92

　　3.5.2　重大財務業務行為之審議　　　　　　　　93

3.6　績效評估與改善措施　　　　　　　　　　　　103

3.7　審計委員會運作情形之資訊揭露以及與股東

　　（機構投資人）之溝通　　　　　　　　　　　107

　　3.7.1　審計委員會運作情形之資訊揭露　　　　　108

　　3.7.2　審計委員會與股東（機構投資人）之溝通　110

3.8　重要法規、守則與參考範例　　　　　　　　　113

　　附件 3-1 審計委員會核心職能應遵循之參考原則　114

　　附件 3-2 審計委員會年度會議計劃範例　　　　　116

　　附件 3-3 審計委員會績效評估自評問卷範例　　　120

　　附件 3-4 審計委員會運作情形之資訊揭露範例　　126

第四章　內部控制與風險管理　　　　　　　　　　　　133

4.0　重點摘要　　　　　　　　　　　　　　　　　135

4.1　內部控制　　　　　　　　　　　　　　　　　135

　　4.1.1　定義與目的　　　　　　　　　　　　　135

　　4.1.2　內部控制的組成要素　　　　　　　　　136

　　4.1.3　有效設計與執行的要件　　　　　　　　138

4.2　風險管理　　　　　　　　　　　　　　　　　140

　　4.2.1　定義　　　　　　　　　　　　　　　　140

　　4.2.2　有效的風險管理　　　　　　　　　　　141

　　4.2.3　審計委員會之監督　　　　　　　　　　142

4.3　異常交易之防免　　　　　　　　　　　　　　146

4.3.1 定義 146

4.3.2 異常交易之風險管理 146

4.4 內部控制缺失 147

4.4.1 定義 147

4.4.2 類別 148

4.4.3 審計委員會的監督 148

4.5 重大性判斷 149

4.6 舞弊與不法行為 150

4.6.1 定義 150

4.6.2 分類與成因 152

4.6.3 舞弊風險管理 153

4.6.4 檢舉制度 154

4.7 重要法規、守則與參考範例 156

附件 4-1 監督內部控制設計面之參考提問 158

附件 4-2 監督內部控制的執行是否有效之參考提問 162

附件 4-3 監督風險管理之參考提問 163

附件 4-4 異常交易之常見警訊 165

附件 4-5 辨認舞弊或非法行為之參考提問 166

附件 4-6 監督舞弊風險之參考提問 167

附件 4-7 評估舞弊風險之參考步驟 168

附件 4-8 監督檢舉制度之參考提問：制度之設計 169

附件 4-9 監督檢舉制度之參考提問：制度之執行 170

附件 4-10 監督檢舉制度之參考提問：
高階管理者的支持 171

第五章　內部稽核之建置與運作　173

5.0　重點摘要　174

5.1　內部稽核之建置　174

　5.1.1　內部稽核之專業能力　175

　5.1.2　內部稽核之獨立性與客觀性　177

5.2　內部稽核主管之任免、考評與薪酬　178

　5.2.1　選任內部稽核主管之考量因素　178

　5.2.2　內部稽核主管之考評與薪酬　179

5.3　內部稽核計畫　179

5.4　內部稽核之報告　182

5.5　評核內部稽核之有效性　183

5.6　內部稽核與相關單位之關係　185

　5.6.1　內部稽核與簽證會計師之關係　185

　5.6.2　內部稽核與公司其他內部遵循單位之關係　185

5.7　內部稽核相關事項之溝通　186

　5.7.1　審計委員會與管理階層之溝通　186

　5.7.2　審計委員會與內部稽核之溝通　187

5.8　重要法規、守則與參考範例　189

　附件 5-1 內部稽核規程範例　190

　附件 5-2 內部稽核有效性參考評量表　193

第六章　財務報告　197

6.0　重點摘要　198

6.1　審議財務報告之責任　198

6.2　監督財務報告之編製　202

6.3　如何審議財務報告　205

6.4　其他財務報告相關事項　211

6.4.1　與管理階層、簽證會計師之溝通　211

6.4.2　監督公司對主管機關相關詢問之回覆　211

6.4.3　監督管理階層提出之書面聲明　212

6.5　重要法規、守則及參考範例　213

附件 6-1 涉及會計估計之常見會計項目參考注意事項　214

附件 6-2 管理階層書面聲明宜包含之參考內容　216

附件 6-3 管理階層舞弊與財報不實對審計委員會的挑戰　218

第七章　簽證會計師　225

7.0　重點摘要　226

7.1　簽證會計師之角色與責任　226

7.2　簽證會計師之獨立性　227

7.3　簽證會計師之委任、解任及報酬　229

7.4　審計委員會與簽證會計師之溝通　233

7.4.1　查核工作規劃之溝通　234

7.4.2　關鍵查核事項之溝通　236

7.5　簽證會計師之其他溝通事項　237

7.5.1　致管理階層函　237

7.5.2　疑似發現舞弊相關情事　238

7.6　重要法規、守則與參考範例　239

附件 7-1 簽證會計師獨立性、適任性暨查核工作表現評估表釋例　240

第八章　併購與公開收購　245

　8.0　重點摘要　246

　8.1　併購　246

　　8.1.1　審計委員會於併購時之角色與功能　246

　　8.1.2　審計委員會之審議事項　248

　　8.1.3　審計委員會之審議流程與決議　249

　8.2　公開收購　264

　　8.2.1　審議委員會於公開收購時之設置與角色　265

　　8.2.2　審議委員會之組成　267

　　8.2.3　審議委員會之審議事項　268

　　8.2.4　審議委員會之審議流程與決議　271

　8.3　重要法規、守則與參考範例　277

　　附件 8-1 併購流程圖　278

　　附件 8-2 公開收購流程圖　280

許璋瑤董事長　推薦序

　　我國自2003年由行政院成立改革公司治理專案小組，陸續將許多公司治理概念法制化，除修正證券交易法，引進獨立董事、審計委員會制度，強化董事會職能外，主管機關分別於2013年發布5年期之「2013強化我國公司治理藍圖」及2018年發布3年期之「新版公司治理藍圖(2018-2020)」作為推動公司治理政策之指引，完成包括：辦理公司治理評鑑、全面採行電子投票與設置獨立董事、分階段推動設置審計委員會等措施，以提升我國公司治理與國際接軌，推動成效備受國際評比機構之肯定。

　　106年度全體上市櫃公司皆已完成設置獨立董事，未來將依其董事、監察人任期屆滿情形，於111年底前全面設置審計委員會，取代監察人，以強化董事會監督功能。獨立董事及審計委員會除於法規上負有重要之職責，主管機關於109年8月25日公告「公司治理3.0—永續發展藍圖」，更期待審計委員會能發揮更多功能，包括：鼓勵審計委員會督導企業導入風險管理機制、各季財務報表需經審計委員會通過、審計委員會評估更換會計師事務所時，宜參考事務所提供之審計品質指標資訊等。

　　在法規與各項軟性守則對於審計委員會有越來越高之期許的情況下，證交所欣見中華公司治理協會出版「審計委員會參考指引」，對審計委員會運作實務研提具體建議，主題含括審計委員會之職權、組成、運作、內部控制與風險管理、內部稽核之建置與運作、財務報告、簽證會計師及併購與公開收購等八大章節，對於獨立董事執行職務甚具參考價值。

　　良善的公司治理是健全資本市場最重要的基礎，也是吸引投資人長期投資的關鍵，而國家整體公司治理文化之建立，有賴政府與民間共同努力。中華公司治理協會為我國重要倡議公司治理之公益團體，於協助企業強化公司治理與永續經營能力上貢獻良多。臺灣證券交易所期能持續結合民間機構的力量，推動公司治理，以強化我國資本市場國際競爭力。

許璋瑤

臺灣證券交易所董事長

邱欽庭董事長　推薦序

　　董事會為整個公司治理的中心，而其審計委員會更是關鍵，兼具監督及業務執行之功能。我國近年來逐步推動上市上櫃公司設置審計委員會，依主管機關發布之命令，2022年所有上市上櫃公司即應完成設置全面取代監察人，其組成人員獨立董事將益形重要，然同時我國關於董事忠實執行職務並盡善良管理人注意義務之法律責任也有強化趨勢。

　　尤其近年來證券市場所發生上市櫃公司財報不實等不法事件，經投保中心為投資人提起團體訴訟請求賠償，除不法行為人及發行人外，董監事等被告也陸續由法院做出應負賠償責任的判決，且實務判決一再重申，依法董監事就財報不實係負推定過失責任，必須舉證方得免責，而獨立董事應負的責任與一般董事相較並無不同，故獨立董事的責任頗為沉重。

　　然而實務上獨立董事或董監事對其責任往往並未有正確的認知，仍以為主張已委任會計師查核財報、未出席或列席通過財報之董事會、授權經營階層或未參與經營、僅係掛名、未行使職權或無財會智識、股東會已承認通過財務報告等等，可作為其等免責的理由，然而這些抗辯實際上並不被法院所採認。因此董事除對其責任應有正確的理解與認知外，如何做才是已盡相當注意義務，而能有效促進公司治理維護公司及股東權益，同時也避免相關賠償責任，實乃重要課題。

　　今中華公司治理協會特別出版「審計委員會參考指引」提供獨立董事遵循的方向，包括法令賦予之職權範圍，如何運作審議及監督、內部控制與風險管理之警訊及提問與處理，與內部稽核及會計師之溝通方式，於併購案所應扮演之角色，以及相關國內外實務分享，可說是獨立董事執行職務的「Guide book」，實值獨立董事予以參考。當然不可諱

言，個案狀況中，獨立董事是否盡相當注意義務、有正當理由合理確信財報無不實情事等盡責主張，仍須由法院視個案具體情節判斷，遵行參考指引並無法全然作為免責的依據（因而本書也特別發出免責聲明），但對獨立董事及各界確也極具參考價值，其努力頗值肯定，也期盼此指引有助於獨立董事職權的行使，使之更能為公司及投資人權益把關，爰樂為之序，推薦給獨立董事及所有關心我國證券市場的各界人士。

邱欽庭

財團法人證券投資人及期貨交易人保護中心董事長

陳清祥理事長 序

協助董事監督、興利及創造價值

　　金管會為強化董事會監督功能，依「擴大強制設置審計委員會之適用範圍」，所有上市上櫃公司於2022年前應完成審計委員會之設置。按照證交所公司治理中心網站統計，截至2020年6月底，上市公司設置審計委員會家數790家，占84%；上櫃公司則有545家，占70%。以目前1700多家上市上櫃公司都成立審計委員會後，每家至少有三名以上獨立董事，則五六千名獨立董事將參與審計委員會的運作。

　　證交所公司治理中心為讓獨立董事了解其執行職務時所牽涉的相關法規，已經制定「獨立董事法規宣傳手冊」。另外，從金管會證期局網站公司治理專區，也可以找到「公司治理問答集」，包括獨立董事、審計委員會、董事會議事辦法、強化董監獨立性及薪酬委員會等五篇，可以幫助公司及獨立董事瞭解實務運作的相關問題。

　　瞭解獨立董事及審計委員會之相關法規後，許多獨立董事可能仍對審計委員會實務上如何運作一知半解。不少國家為獨立董事編製一套審計委員會參考指引(Guidebook)，以協助獨立董事較快上手，真正落實審計委員會的監督功能。以新加坡為例，它的審計委員會參考指引是由新加坡金融管理局、財政部所屬會計與企業管理局及證交所等聯合發布，是高位階的。欣見金管會近日頒布之公司治理3.0永續發展藍圖，為促進獨立董事及審計委員會功能的有效發揮，將參酌國外相關規範及國內運作實務，預計於2022年編製行使職權參考範例指引，做為其執行職務的參考。

　　中華公司治理協會作為一個倡議公司治理，協助台灣企業強化公司治理，強化競爭力與永續經營能力的非營利、專業的民間公益團體，我們認同金管會訂頒的公司治理藍圖，透過全面設置審計委員會以強化

董事會監督功能的推動計畫。也認為仿效新加坡等國家編製參考指引，將實務運作詳加說明，並分享最佳實務，才能讓有心扮演好監督角色的獨立董事有所依循。協會理事會決議動用預算，著手編訂「審計委員會參考指引」，相信對公司及獨立董事一定有極大的助益。

本指引分為八章，分別探討審計委員會的職權、如何組成、實際如何運作、內部控制與風險管理之督導、內部稽核設立與運作、財務報告之審議、與會計師互動溝通、暨併購及公開收購案件之督導。

編訂參考指引的目的是彙整及分享審計委員會的經驗、知識與實務案例，在體察各公司發展階段與規模不同的前提下，提出整體最適方向與高標準之建議，不是為了創造新的規範或標準，亦不試圖將之等同於法律上應遵循之最低標準。參考指引可以提供獨立董事實務運作的參考，扮演好獨立董事監督之責，進而協助公司興利創造價值。由於審計委員會同意的議案，尚需經董事會決議通過，因此本指引同時可以提供一般董事作為審查財務報告、內部控制、重大財務業務事項、併購與公開收購等議案之參考。

本指引得以付梓，要感謝編輯教授群及助理們的辛勞，從資料蒐集、研究、彙整讓內容相當完整，謝謝多位受訪專家無私地分享諸多最佳實務，使各章更加充實及完善；更謝謝推動委員、諮詢委員及校訂顧問們投入心力協助架構及內容之校訂，也謝謝本會秘書長及同仁費心溝通協調各項行政事宜。

陳清祥

社團法人中華公司治理協會理事長

給獨立董事的十大建議

1. 情境瞭解

   接到出任邀請時，要求與董事長面對面溝通經營理念及相互間的期待（擔當角色及權利義務、投入時間、薪資報酬、行政資源及責任保險等）。

2. 危邦不入

   對公司及控制股東應有足夠了解，出任意願之表示應謹慎。有強烈疑慮且無法釐清時，宜考慮拒絕接受邀請。

3. 忠於公司

   獨立董事為公司法所訂公司負責人之一，對公司負有受託義務，不做違反公司利益情事。

4. 道德標準

   獨立董事在行為上要採高於法規之道德標準，除遵守法規、公司政策制度外，應以身作則，帶頭誠信經營並參與優質公司治理文化之塑造。

5. 注意義務

   獨立董事在履行職務時，應盡善良管理人之注意義務，判斷決策時應謹慎、注意（含勤勉、詢問、要求、建言）。

6. 勤於督導

   期許自己能誠實、自由地表達意見與觀點，促使最佳決策之形成並適切及有效地督導高階經理人，在既定政策與制度下戮力達成營運目標。

7. 獨、懂、能、敢

   獨立思考與專業判斷、持續學習精進、投入足夠時間，並勇於不同意見之表達。

8. 群策群力

   董事會為一個團隊，應與其他成員及經營團隊重要成員相互尊重，各司其職、共創公司價值。又獨立董事亦為審計委員會的當然成員，應群策群力履行督導之責。必要時，要求獨立第三者提供專業意見作為決策之參考。

9. 亂邦不居

   出任後發現情況與期待有無法容忍之差距時，應先向董事長表達意見並尋求協助及改善措施。如狀況無法改善，應考慮辭任。遇財報不實之疑時，宜追查並考慮啟動第三者調查及向監理機關舉報。

10. 快樂獨董

    追求自己成為高自律、熱衷學習、有知識、有作為的獨立董事；期許自己成為享受學習、服務奉獻、增加對公司及社會價值的快樂獨立董事。

給審計委員會的十大建議

- 要擔負財務報告允當表達之審議責任

- 要擔負內控制度完整性及有效性之檢視責任

- 要擔負法規及公司政策制度遵循之監督責任

- 要擔負重大財務業務事項之審議責任

- 要善用內部稽核及主要經理人員

- 要善用簽證會計師及其他外部專家

- 要善用董事集體智慧與能力

- 要重視紅旗警示及吹哨舉報

- 要定位在為公司加值及替董事會分勞的立場

- 要發揮督導公司進步向上之影響力

第一章 審計委員會之職權範圍

1.0	重點摘要	24
1.1	公司治理與審計委員會	24
	1.1.1 董事會與公司治理	24
	1.1.2 審計委員會於公司治理下的功能	26
1.2	審計委員會之核心職能	28
1.3	審計委員會與董事會，以及其他功能性委員會之關係	33
	1.3.1 審計委員會與董事會之關係	33
	1.3.2 審計委員會與風險管理委員會之關係	34
	1.3.3 審計委員會與提名委員會 / 薪酬委員會之關係	36
1.4	審計委員會成員執行職務時應有的認識	36
1.5	重要法規、守則與參考範例	39

1.0 重點摘要

公司治理，係指一種指導及管理並落實公司經營者責任的機制與過程，在兼顧其他利害關係人利益下，藉由加強公司績效，以保障股東權益。董事會為公司治理的核心機制之一，審計委員會為其功能性委員會，具有客觀性與專業性，可提升董事會於審計領域的決策品質。審計委員會的職權依法令與董事會之授權定之，董事會宜定期檢討委員會的組織規程，根據公司的需要與董事會階段性定位，擬定審計委員會適當的職權範圍，同時確保其與董事會及其他功能性委員會（薪酬、提名、風險管理委員會）的溝通與合作。

審計委員會由全體獨立董事組成，獨立董事為公司負責人之一，執行職務時應盡善良管理人之注意義務與忠實義務。本章末提出獨立董事執行審計委員會職務時整體範圍上應注意事項，以供參考。

1.1 公司治理與審計委員會

1.1.1 董事會與公司治理

「公司治理」，依據中華公司治理協會的定義，係指一種指導及管理並落實公司經營者責任的機制與過程，在兼顧其他利害關係人利益下，藉由加強公司績效，以保障股東權益。

經濟合作暨發展組織(Organization for Economic Cooperation and Development，OECD)公司治理原則(G20/OECD Principles of Corporate Governance)自1999年發布以來，已被各界公認為良好公司治理的國際基準；2004年修訂時並提出六項原則，提供企業建立健全的公司治理之參考；2015年最新修訂，新增主張強化機構投資人的角色、加強防範內線交易等。其最新六項原則如下：

■ 確立有效公司治理架構之基礎。

■ 股東權益、公允對待股東與重要所有權功能。

■ 機構投資人、證券市場及其他中介機關。

■ 利害關係人在公司治理扮演之角色。

■ 資訊揭露和透明。

■ 董事會責任。

其中，董事會責任至關重要。根據OECD公司治理原則，**董事會應以公司及股東最佳利益為依歸，在兼顧其他利害關係人的權益下，以高道德標準，進行獨立客觀的判斷，並履行以下職責**：

■ 審議並引導公司策略、重要行動計畫、風險管理政策、年度預算及事業計畫，設定績效目標並督導執行，監督重要資本支出、併購及縮編或減資。

■ 督導公司治理運作之有效性並做必要之精進。

■ 選任、獎酬、督導管理階層，必要時予以更換並監督接班計劃。

■ 引導董事及管理階層之薪資報酬與公司及股東的長期利益一致。

■ 確保正式、透明的董事提名與選任程序。

■ 監督並管理董事、管理階層及股東可能之利益衝突（包括濫用公司資產及不當的關係人交易）。

■ 確保公司會計及財務報告制度的誠信正直，包括具獨立性的內部稽核及適當的內部控制制度的有效運作，尤其是在風險管理、財務與營運控制、法令遵循等方面。

■　監督資訊揭露與溝通的過程。

董事會為公司治理的中心，我國金融監督管理委員會近年發布的一系列公司治理藍圖，均強調強化董事會職能的重要性。

1.1.2 審計委員會於公司治理下的功能

根據OECD公司治理原則「六、董事會責任」的說明，董事會應考慮設置功能性委員會，以支持董事會履行職能，提升董事會之決策品質，特別是在審計、風險管理以及薪酬領域（取決於公司的規模和風險特徵）；治理原則指出，若設置功能性委員會，董事會應適當地界定並揭露其任務、人員組成和工作流程。同時，亦可在審計委員會之外設置其他的功能性委員會，避免審計委員會超負荷工作，並可以讓董事會有更多時間處理重要議題。

審計委員會之主要角色為督導及監督，並在下列方面分擔董事會的責任：

■　監督重要的資本支出、重大交易及增、減資。

■　制定風險管理政策與監督執行。

■　監督董事、管理階層及股東可能之利益衝突（包括濫用公司資產及不當的關係人交易）。

■　確保公司會計及財務報告制度的誠信正直。

■　確保適當的內部控制制度（尤其是在風險管理、財務與營運控制與法令遵循）有效運作。

■　制定法令遵循政策與監督執行。

■　監督資訊揭露過程與各種溝通。

　　此外，我國自2002年起，即要求新上市上櫃公司應設獨立董事，2006年修正證券交易法，正式立法推動上市上櫃公司設置審計委員會，依金融監督管理委員會發布之命令（民國107年12月19日金管證發字第10703452331號令），2022年我國所有上市上櫃公司均應完成審計委員會之設置。

　　我國現行公司法下設有監察人制度，當公司設置審計委員會取代監察人時，依證券交易法之規定，公司法上「監察人」的權責，即分別由獨立董事組成的審計委員會以集體方式行使之，或由獨立董事單獨行使之。也因此，審計委員會之個別成員，除身負公司法、證券交易法及其他法令上「董事」及「獨立董事」之權責外，也負有公司法「監察人」權責，所謂「一個頭戴三頂帽子」，即雖名為獨立董事，而實際上具有董事、獨立董事加監察人三位一體的職責。

　　證券交易法第14條之4及第14條之5，是審計委員會組成及行使職權的基本法律規範，也是獨立董事成員行使原公司法上監察人職權的法律依據。重點分析如下：

■　審計委員會以合議制方式行使職權

　　依證券交易法第14條之4，「公司設置審計委員會者，公司法、證券交易法及其他法律對於監察人之規定，於審計委員會準用之。」依本條規定：

●　審計委員會取代監察人成為監督公司經營的機關。

●　監督權的行使，由獨任制轉為合議制。

■　審計委員會之成員單獨行使監察權

　　依證券交易法第14條之4，除前述審計委員會合議部分外，「公司

法第200條、第213條至第215條、第216條第1項、第3項、第4項、第218條第1項、第2項、第218條之1、第218條之2第2項、第220條、第223條至第226條、第227條但書及第245條第2項規定，對審計委員會之獨立董事成員準用之。」

換言之，這些條文規定的權責，由審計委員會的個別獨立董事成員單獨行使之。

■ 授權主管機關訂定審計委員會及獨立董事成員行使職權與相關事項辦法

依證券交易法第14條之4，「審計委員會及其獨立董事成員職權之行使及相關事項之辦法，由主管機關定之」。換句話說，金融監督管理委員會可依實際需要，訂定與修正相關辦法。獨立董事應隨時注意主管機關陸續發布的相關規定，並及時建議董事會列入審計委員會組織規程中，以確保法令遵循。

綜上所述，審計委員會的委員（即全部之獨立董事）有三個角色，即公司法上的「監察人」、「董事」以及證券交易法上的「獨立董事」。審計委員會之獨立董事成員，其角色與職能與我們傳統上對董事角色與職能的認知是很不相同的；其除負有如職稱上的董事職責以外，也負有職稱上沒有的監察人職責；在行使監察人職責方面，又區分為合議行使職權及個別行使職權二類。此外，與獨立董事及審計委員會執行職務有關的法令規章又散見於公司法、證券交易法及其他相關法規中，這些面向，獨立董事執行職務時，務必多加留意。

1.2 審計委員會之核心職能

■ 根據證券交易法第14條之5的規定，以下事項應經審計委員會審議：

一、依第十四條之一規定訂定或修正內部控制制度。

二、內部控制制度有效性之考核。

三、依第三十六條之一規定訂定或修正取得或處分資產、從事衍生性商品交易、資金貸與他人、為他人背書或提供保證之重大財務業務行為之處理程序。

四、涉及董事自身利害關係之事項。

五、重大之資產或衍生性商品交易。

六、重大之資金貸與、背書或提供保證。

七、募集、發行或私募具有股權性質之有價證券。

八、簽證會計師之委任、解任或報酬。

九、財務、會計或內部稽核主管之任免。

十、由董事長、經理人及會計主管簽名或蓋章之年度財務報告及須經會計師查核簽證之第二季財務報告。

十一、其他公司或主管機關規定之重大事項。

本條第一款到第十款，文字都清楚易懂，惟第十一款「其他公司或主管機關規定之重大事項」，是較不確定的部份。獨立董事應隨時注意主管機關陸續發布的相關規定，並及時建議董事會修正審計委員會組織規程，以確保法令遵循。除法令規定外，各公司董事會亦可視公司情況與董事會現階段定位、任務及審計委員會與董事會間的分工狀況，定期檢視並調整增減審計委員會之審議事項。

FAQ 1

審計委員會的法定審議事項,除證券交易法第14條之5明文列出的十款外,還包括哪些事項?

答 根據相關法令規定,除法定審議事項外,審計委員會之審議事項還包括以下:

■ 「營業報告書及盈餘分派或虧損撥補」:公司法第 228 條規定,監察人應查核董事會編造之營業報告書、財務報告、盈餘分配或虧損撥補議案,並應編造報告書提交股東會。公司設置審計委員會取代監察人後,相關職權由審計委員會行之。

■ 「會計政策或會計估計變動」:依證券發行人財務報告編製準則第 6 條規定,公司進行會計政策變動或會計估計事項中有關折舊性、折耗性資產耐用年限、折舊(耗)方法與無形資產攤銷期間、攤銷方法之變動,及殘值之變動,應洽請簽證會計師就合理性分析並出具複核意見,經審計委員會同意後,送董事會決議。

另外,公司法第274條規定,「公司發行新股,由原有股東認購或由特定人協議認購而不公開發行時,如以現金以外之財產抵繳股款者,於財產出資實行後,董事會應送請監察人查核加具意見,報請主管機關核定之。」當公司設有審計委員會時,此一職權應由審計委員會行使之,屬於證券交易法第14條之5第七款審計委員會法定職權「募集、發行或私募具有股權性質之有價證券」項下的內容。

企業併購法第6條規定,「公開發行公司設有審計委員會者,於公司召開董事會決議併購事項前,應由審計委員會就併購計畫與交易之公平性、合理性進行審議,並將審議結果提報董事會及股東會。」此一職權屬於前述法條第五項審計委員會法定職權「重大之資產或衍生性商品交易」項下的內容。

公開發行公司取得或處分資產處理準則第15條規定，「公司向關係人取得或處分不動產或其使用權資產（不論金額大小），或向關係人取得或處分不動產或其使用權資產外之其他資產達重大性標準（達公司實收資本額 20％、總資產10％或新臺幣3億元），應經審計委員會同意後送董事會決議。」此一職權亦屬於審計委員會法定職權「重大之資產或衍生性商品交易」項下的內容。

審計委員會審議相關事項時，應注意適用之法規，以確保法令遵循。

■　前述各項審計委員會法定權責之行使，相關說明可參見本指引以下章節：

審計委員會審議事項	相關章節
1.　內部控制制度有效性之考核	第四章內部控制與風險管理
2.　涉及董事自身利害關係之事項	第三章審計委員會之運作
3.　重大之資產或衍生性金融商品交易、重大資金貸與、背書或提供保證	第三章審計委員會之運作
4.　企業併購與公開收購事項	第八章併購與公開收購
5.　發行募集、發行、私募具股權性質的有價證券	第三章審計委員會之運作
6.　簽證會計師之委任、解任及報酬	第七章簽證會計師
7.　財務、會計，與內部稽核主管之任免	第五章內部稽核之建置與運作
8.　營業報告書、財務報告及盈餘分派或虧損撥補	第六章財務報告

國內外實務分享

觀察我國上市上櫃公司的審計委員會組織規程，除法定職權事項外，有些公司列出以下項目為審計委員會的審議事項：

- 季報。

- 關係人交易政策。

- 簽證會計師之重大非審計服務。

有些公司以季報為審計委員會之職權事項，其原因在於財務報告編製具有連續性，審計委員會為監督公司財務報告之允當性，也應審議季報為宜，我國司法實務亦認為季報之主要內容若有虛偽或隱匿，縱使未經過審計委員會與董事會審議，董事也不會因此而免責，國外法令或實務運作慣例也多半要求審計委員會審議季報。相關資訊可參考金融監督管理委員會之「公司治理3.0─永續發展藍圖」。

有些公司將關係人交易政策之擬定列為審計委員會職權事項，這是因為現行證券交易法中雖已明定，涉及董事自身利害關係之事項應經審計委員會同意，同時，公開發行公司取得或處分資產處理準則也規定符合一定條件之關係人交易應經審計委員會同意後送董事會決議，但這些都是屬於個別交易的同意。要做好關係人交易之管理，必須從關係人與交易之定義、關係人資料庫之建立、審查標準與流程，以及追蹤考核等方面著手。關係人交易政策若能妥善訂定與執行，再配合審計委員會就個案的審查，將可更周延地確保公司與股東權益。主管機關對金融機構的利害關係人與一般企業規定不同。個別金融機構可再行參考個別規範。

至於簽證會計師的之重大非審計服務宜經審計委員會同意，這是因為自安隆案後，美國制定沙賓法(Sarbanes-Oxley Act)以來，各國都重視簽證會計師的獨立性。審計委員會負責監督財務報告的允當性

以及考核簽證會計師的獨立性，為確保簽證會計師的獨立性，公司委任其從事非審計服務時，具有重大性的委任，宜由審計委員會同意。

1.3 審計委員會與董事會，以及其他功能性委員會之關係

1.3.1 審計委員會與董事會之關係

■ 審計委員會之職權範圍依法令規定與董事會之授權，其組織規程之訂定與修正，應經董事會通過。

■ 審計委員會之審議結果，應依法令或其組織規程之規定，提董事會決議。

■ 審計委員會之議案如未經委員會全體成員二分之一以上同意者，除財務報告審議案外，得由董事會全體董事三分之二以上同意行之。

■ 審計委員會如有正當理由致無法召開或無法決議時，議案應以董事會全體董事三分之二以上同意行之。但該議案為公司年度財務報告及須經會計師查核簽證之第二季財務報告之審議時，獨立董事成員仍應以書面出具是否同意之意見（公開發行公司審計委員會行使職權辦法第8條）。

國內外實務分享

> 審計委員會雖為董事會之功能性委員會，應對董事會負責，但不
> 是所有的審議結果都要送董事會決議。例如，審計委員會決議委
> 任律師、會計師或其他專業人士，提供必要之查核或諮詢意見
> 時，該決議即無須送董事會決議。但無論議案是否要送董事會審
> 議，審計委員會議結束後，應將會議記錄送交董事會，並由召集
> 人於董事會中說明審計委員會討論重點，若審計委員會會議記錄
> 尚未製作完成，應作成一至二頁會議重點摘要送交董事會，並由
> 召集人進行口頭報告。

1.3.2 審計委員會與風險管理委員會之關係

■ 公司設有風險管理委員會者，審計委員會與風險管理委員會就風
險管理事項之權責劃分，依法令與董事會之授權定之。

國內實務分享

> 依臺灣證券交易所及財團法人中華民國證券櫃檯買賣中心發布之
> 「○○股份有限公司審計委員會組織規程」參考範例，審計委員會
> 之運作以下列事項之監督為主要目的：
>
> 一、公司財務報表之允當表達。
>
> 二、簽證會計師之選（解）任及獨立性與績效。
>
> 三、公司內部控制之有效實施。
>
> 四、公司遵循相關法令及規則。

五、公司存在或潛在風險之管控。

企業經營原本就要面對各種風險，不可能完全消除，但需要建立適當的風險管理機制。審計委員會可以參考一些實務作法，承擔風險管理監督之職責。

根據金融監督管理委員會於2020年8月25日發布的公司治理3.0—永續發展藍圖，鑒於企業經營所面臨之風險日益複雜，為協助我國企業辨識未來可能之挑戰並適當因應，參酌國際風險管理相關規範，逐步協助上市上櫃公司導入企業風險管理機制，由董事會之功能性委員會如審計委員會或風險管理委員會督導，並納入公司治理評鑑指標，於2023年適用。

國外實務分享

根據國外實務，若公司僅設置審計委員會而未設風險管理委員會時，董事會可授權由審計委員會負責所有風險管理事項；若公司同時設置審計委員會與風險管理委員會時，則審計委員會負責涉及財務報導之風險管理及內部控制，而由風險管理委員會負責涉及財務、營運、法令遵循、資訊科技控制等之風險管理事項。

董事會應注意妥善安排兩個委員會的規模、角色和職責分工，並定期檢視相關安排之適當性。兩個委員會應採用相同的風險框架(risk framework)，並且注意資訊分享。

1.3.3 審計委員會與提名委員會 / 薪酬委員會之關係

■ 對審計委員會定期進行績效評估之結果，可做為董事會或提名委員會遴選或提名董事時之參考依據，並可作為薪酬委員會訂定薪資報酬的參考依據。

1.4 審計委員會成員執行職務時應有的認識

審計委員會成員是獨立董事，依法為公司負責人之一，對公司負有忠實義務與善良管理人之注意義務。

忠實義務是指，董事執行職務時，應以公司利益為優先，要避免利益衝突，不能考量自己或其他人之利益。善良管理人之注意義務是指，董事應在資訊充分的情況下，透過分析、討論、詢問，考量可能的利弊得失與風險後才作成決定。

司法實務中，已有不少法院借鏡美國法下的商業判斷法則(Business Judgment Rule)，發展出台灣版的商業判斷法則。各法院具體適用情況雖有差異，但基本的原則是，若董事執行職務當時能夠注意以下幾點，或可減免其應負的法律責任：

■ 應在資訊充分的情況下作成決定。

■ 決策時，應避免利益衝突。

■ 決策時，應保持獨立性，不因與公司或管理階層有社交上或商業上之各種往來關係，而影響其獨立判斷。

■ 決策應具有合理的商業目的，且合理相信其決策符合公司最佳利益，並本於善意作成決策。

　　　上市上櫃公司的審計委員會執行的職務複雜多樣，除財務報告之審閱外，還包括內部控制、風險管理等。尤其是證券交易法為保護資本市場投資人，在財務報告不實的案件中，在證券交易法修訂後，對於董事責任採用推定過失責任，責任更重；也就是說，當公司財務報告之重大內容不實時，依法先推定董事要負擔法律責任，除非董事能夠證明其已盡相當注意，且有正當理由可合理確定財務報告之內容無虛偽或隱匿之情事者，才能免負賠償責任。特別是企業高層舞弊，為掩飾其舞弊行為所導致財務報告不實的情況時，審計委員會成員與董事如何證明其已盡相當注意，更是關鍵。因此，委員會成員執行職務時，宜注意以下各點：

(1) 應誠實及善意地以公司之整體利益為考量，並謹慎、專業和勤勉盡責地執行職務。

(2) 不得直接或間接提供、承諾、要求或收受任何不正當利益，或做出其他違反誠信、不法或違背受託義務等不誠信行為，以獲得或維持個人利益。

(3) 依執行職務之需求持續進修，強化自身專業能力。

(4) 應投入相當時間，確實參與各項會議，若無法親自出席，仍應先出具書面意見。

(5) 會議前應完整瞭解相關資訊，若認為資料不足，應請求公司補充；會議中如有任何疑問應即詢問，若有保留或反對意見，應明確表示並要求應載明於會議記錄。

(6) 必要時，委員會可委任外部專家提供意見；委任專家時，應首重專業能力與操守，不能只考慮價格。

(7) 增加與委員會召集人、其他委員、簽證會計師，以及公司管理階層之交流互動，保持對於公司與產業情況的瞭解與敏感度。

(8) 執行職務時，應留下紀錄。

(9) 若有警示事件，應採取必要措施。

(10) 選任前與任職期間，均須符合法令有關獨立性之要求，並且保持超然獨立之地位，不因與公司或管理階層有社交上或商業上之各種往來關係，而影響獨立判斷之立場。

(11) 兼任其他公司之獨立董事者，不得逾三家；不宜同時擔任超過五家上市上櫃公司之董事（含獨立董事）或監察人。

(12) 對公司未經公開之資訊、職務上所知悉之公司各項業務資訊、員工或客戶資料等資訊，負有保密義務，不得洩漏予他人或為職務目的以外之使用。解任或離職後亦同。

(13) 應隨時注意所擔任各項職務之間有無競業或利益衝突關係，執行職務時應確實遵守利害關係揭露及利益迴避之相關規定。

(14) 執行職務時，應遵守法令規定，並熟稔公司治理相關法令。

　　如此，獨立董事不僅可以發揮所長，為公司提供客觀獨立且有價值的意見，並可降低自身執業風險，為公司興利與除弊。

1.5 重要法規、守則與參考範例

　　本章除參考國內外相關機構之專業出版品外，亦參考我國相關法令、守則及範例。相關法令、守則茲整理如下，讀者請注意法規之更新。

1.	公司法
2.	證券交易法
3.	企業併購法
4.	公開發行公司取得或處分資產處理準則
5.	證券發行人財務報告編製準則
6.	公開發行公司審計委員會行使職權辦法
7.	「○○股份有限公司審計委員會組織規程」參考範例
8.	公司治理 3.0—永續發展藍圖

第二章 審計委員會之組成

2.0　重點摘要　42

2.1　審計委員會成員與召集人應具備之資格與選任　42

　　2.1.1　審計委員會成員之資格　42

　　2.1.2　審計委員會成員與召集人之選任　53

2.2　審計委員會成員與召集人宜具備之能力與經驗　55

　　2.2.1　審計委員會整體應具備之能力與經驗　55

　　2.2.2　審計委員會召集人宜具備之能力與經驗　56

2.3　審計委員會成員之就任與進修　57

　　2.3.1　就任　57

　　2.3.2　進修　58

2.4　重要法規、守則與參考範例　59

　　附件 2-1：審計委員會召集人實務範例　60

　　附件 2-2：新任董事就任說明　63

2.0 重點摘要

審計委員會由全體獨立董事組成，應具有獨立性與專業性。公司與獨立董事應注意持續維護其獨立性與強化自身之專業性。獨立董事就任時，公司應安排就任說明，使獨立董事瞭解公司與產業情況與發展趨勢，任期中，公司應定期與不定期地提供相關資訊，使獨立董事能在資訊充分的情況下執行職務。

審計委員會召集人是委員會運作能否發揮效能的關鍵因素，召集人在安排議程、主持會議、促進委員會成員與董事會、其他功能性委員會與管理階層的交流互動，以及確保審計委員會有充分資源執行職務等方面，可參考本章所提出的實務範例。

2.1 審計委員會成員與召集人應具備之資格與選任

2.1.1 審計委員會成員之資格

- 審計委員會應由全體獨立董事組成，其人數不得少於三人，其中一人為召集人。

- 獨立董事之持股及兼職受到法令限制，且於執行業務範圍內應保持獨立性，不得與公司有直接或間接之利害關係。

- 兼任其他公司之獨立董事者，不得逾三家；不宜同時擔任超過五家上市上櫃公司之董事（含獨立董事）或監察人。

- 獨立董事應具備專業知識，並具備五年以上工作經驗，其中至少一人應具備會計或財務專長。

FAQ 1

審計委員會之人數不得少於三人，若獨立董事有解任等情況，致獨立董事人數少於三人時，應怎麼辦？

答 依法令規定，審計委員會之人數不得少於三人，若獨立董事人數因有解任等情況，致人數有所不足，依證券交易法之規定，應於最近一次股東會補選之，若全體獨立董事均解任時，則應在事實發生之日起六十日內，召開股東臨時會補選之。

在補選之前，為避免影響公司營運，實務運作上，若獨立董事有兩人，仍可召開審計委員會並做成決議；若獨立董事僅剩一人，則屬於有正當理由致審計委員會無法召開，此時，相關議案應由董事會全體董事三分之二以上同意行之，但若議案涉及財務報告審議事宜，仍應由獨立董事出具是否同意之意見。

有關審計委員會成員之資格，以下分成獨立董事之獨立性與專業性兩點來說明：

■ 獨立董事之獨立性

● 審計委員會之核心職能為監督公司財務報告之允當表達、內部控制與風險管理。為履行監督職能，獨立董事於執行業務範圍內應保持其獨立性，不得與公司有直接或間接之利害關係。獨立董事應於選任前二年及任職期間不能有影響獨立性之情事存在。

● 公司董事會或提名委員會考慮獨立董事候選人時，應審慎評估其是否具有獨立性。

FAQ 2

何謂獨立董事之獨立性？

答 依金融監督管理委員會發佈的「公開發行公司獨立董事設置及應遵循事項辦法」第三條規定，影響獨立董事獨立性之情事大致可分為以下五大類，要擔任獨立董事者，於選任前二年及任職期間，不能有此等情事。**主管機關可能不定時修正相關辦法，檢視獨立董事之獨立性時，應隨時注意最新規範：**

(1) 僱傭關係

　　A. 公司或其關係企業之受僱人。

　　B. 受僱人若為經理人，其配偶、二親等以內親屬或三親等以內直系血親親屬。

(2) 過去與公司之關係

　　A. 公司或其關係企業之董事、監察人。

　　B. 上述人士之配偶、二親等以內親屬或三親等以內直系血親親屬。

　　C. 但公開發行公司與其母公司、子公司或屬同一母公司之子公司依證券交易法或當地國法令設置之獨立董事相互兼任者，不在此限。

(3) 經濟上之利害關係

　　A. 與公司有財務或業務往來之特定公司或機構之董事（理事）、監察人（監事）、經理人或持股 5% 以上股東。特定公司，係指：

　　　　a. 持有公司已發行股份總數 20% 以上，未超過 50%。

　　　　b. 他公司及其董事、監察人及持有股份超過股份總數 10% 之股東總計持有該公司已發行股份總數 30% 以上，且雙

方曾有財務或業務上之往來紀錄。前述人員持有之股票，包括其配偶、未成年子女及利用他人名義持有者在內。

c. 公司之營業收入來自他公司及其集團公司達 30% 以上。

d. 公司之主要產品原料（指占總進貨金額 30% 以上者，且為製造產品所不可缺乏關鍵性原料）或主要商品（指占總營業收入 30% 以上者），其數量或總進貨金額來自他公司及其集團公司達 50%。

B. 為公司或關係企業提供審計或最近 2 年取得報酬累計金額逾新臺幣 50 萬元之商務、法務、財務、會計等相關服務之專業人士、獨資、合夥、公司或機構之企業主、合夥人、董事（理事）、監察人（監事）、經理人及其配偶。但依證券交易法法或企業併購法相關法令履行職權之薪資報酬委員會、公開收購審議委員會或併購特別委員會成員，不在此限。

(4) **股權利益關係**

A. 本人及其配偶、未成年子女或以他人名義持有公司已發行股份總數 1% 以上或持股前 10 名之自然人股東。

B. 上述人士之配偶、二親等以內親屬或三親等以內直系血親親屬。

C. 直接持有公司已發行股份總數 5% 以上、持股前 5 名或依公司法第 27 條第 1 項或第 2 項指派代表人擔任公司董事或監察人之法人股東之董事、監察人或受僱人。但公開發行公司與其母公司、子公司或屬同一母公司之子公司依證券交易法或當地國法令設置之獨立董事相互兼任者，不在此限。

D. 經股東會選任或金融控股公司、政府或法人股東依相關規定指派為非獨立董事者，於任期中不得逕行轉任為獨立董事。

(5) **控制從屬關係**

A. 公司與他公司之董事席次或有表決權之股份超過半數係由同

一人控制，他公司之董事、監察人或受僱人。

B. 公司與他公司或機構之董事長、總經理或相當職務者互為同一人或配偶，他公司或機構之董事（理事）、監察人（監事）或受僱人。但公開發行公司與其母公司、子公司或屬同一母公司之子公司依本法或當地國法令設置之獨立董事相互兼任者，不在此限。

國內外實務分享

董事會或提名委員會應注意公司治理主管／議事人員或相關人員是否採用適當之方式查證獨立董事之獨立性，並定期檢視。

金融監督管理委員會頒布公司治理3.0—永續發展藍圖，為強化獨立董事之獨立性，將推動修訂「公開發行公司年報應行記載事項準則」，明定有關獨立董事之獨立性揭露資訊，臺灣證券交易所及財團法人中華民國證券櫃檯買賣中心也將修訂其資訊申報作業辦法，要求上市上櫃公司應於年報申報時併同向二單位申報獨立董事符合獨立性規範之聲明書，相關規定將於2022年實施。

至於應該如何查證獨立董事之獨立性，公司在獨立董事候選人階段、就任時、任期中，均應確認其獨立性，公司治理主管／議事人員除向候選人與獨立董事說明有關獨立性的最新法令以及詳實揭露之重要性外，並提醒若資料有變動應隨時更新。公司除使用內部系統、外部公開資訊、財團法人金融聯合徵信中心等方式查證外，有些公司會聘請外部專家協助查證。

受徵詢擔任獨立董事候選人時，候選人應審慎評估自身是否具有獨立性，若有可能影響獨立性判斷之情事，應向董事會或提名委員會說明。獨立董事就任後，亦應隨時注意保持獨立性，如有任何疑問，可向公司治理主管／議事人員或相關人員詢問。

FAQ 3

「二親等以內親屬」或「三親等以內直系血親親屬」包括哪些人？

答 二親等內親屬與三親等直系血親，包括以下人士：

		一親等親屬	二親等親屬	三親等 直系血親
	血親	父母 子女	兄弟姊妹 （外）祖父母 （外）孫子女	（外） 曾祖父母 （外） 曾孫子女
姻親	血親之配偶	父之妻、母之夫 子媳、女婿	兄嫂、弟媳、姊夫、妹夫 （外）祖父母之配偶 （外）孫子媳、 （外）孫女婿	
	配偶之血親	公婆、岳父母 配偶之子女	配偶之兄弟姊妹 配偶之（外）祖父母 配偶之（外）孫子女	
	配偶血親之 配偶	公婆、岳父母之配偶 配偶之子媳、女婿	配偶之兄嫂、弟媳、 姊夫、妹夫 配偶之（外）祖父母之配偶 配偶之（外）孫子媳、 （外）孫女婿	

國內實務分享

獨立董事若久任同一家公司，可能降低其獨立性。目前除金融控股公司、銀行業、證券業及保險業，依相關公司治理實務守則與主管機關意見，獨立董事不得連任逾三屆外，其他產業雖未禁止，但依相關規定，若獨立董事候選人已連續擔任該公司獨立董事任期達三屆者，提名人應説明繼續提名其擔任獨立董事之理由，公司應公告並於股東會向股東説明理由。

此外，臺灣證券交易所公司治理評鑑指標包括「公司是否至少兩名獨立董事其連續任期均不超過三屆」，若為金融保險業任一名獨立董事連續任期逾三屆者，本指標不予給分。

另應注意，金融監督管理委員會公司治理3.0—永續發展藍圖，訂出循序漸進推動上市上櫃公司半數以上獨立董事連續任期不得逾三屆，推動時程如下：

- 2021年
  - 修訂上市上櫃公司治理實務守則，推動上市上櫃公司獨立董事連續任期不得逾三屆。
  - 將上市上櫃公司半數以上獨立董事連續任期不得逾三屆列入公司治理評鑑指標。
- 2022年上市上櫃公司適用相關公司治理評鑑指標。
- 2023年臺灣證券交易所及財團法人中華民國證券櫃檯買賣中心修訂相關規章，要求上市上櫃公司半數以上獨立董事連續任期不得逾三屆（配合董事任期屆滿適用）。

案例分析 2-1

A公司前十大股東有B公司、C公司，A公司的總經理身兼C公司董事，B公司是C公司監察人，C公司是A公司與B公司監察人，C公司之員工能否擔任A公司之獨立董事？

答　根據相關規定，法人股東依公司法第 27 條第 1 項或第 2 項指派代表人擔任公司董事或監察人者，該法人之董事、監察人或受僱人不能擔任公司之獨立董事。本例中，C 公司為 A 公司之監察人，依規定，C 公司之員工即不能擔任 A 公司之獨立董事。

案例分析 2-2

A公司獨立董事甲於任期中，為公司提供諮詢服務，服務費用兩年累積為80萬元，A公司將諮詢費用匯款至甲提供的親友帳戶中。獨立董事甲是否有喪失獨立性之情事？

答　根據相關規定，若於最近二年為公司提供商務、法務、財務、會計等相關服務，且取得報酬累積金額逾新台幣 50 萬元者，不具有獨立性。本例中，獨立董事甲提供勞務，且報酬累積金額超過 50 萬元，無論該筆款項是否匯入甲之帳戶，均已違反獨立性之要求。

案例分析 2-3

A公司與B公司互相持有對方公司股份，但均未達到直接持有對方公司已發行股份總數5%以上或持股前5名，且彼此間未曾依公司法第27條指派代表人擔任對方公司董事或監察人。今A公司擬提名該公司之董事甲為B公司獨立董事候選人，B公司亦擬提名該公司經理人乙為A公司獨立董事候選人，甲、乙兩人之獨立性是否有疑？

答 上市上櫃公司治理實務守則規定，上市上櫃公司及其集團企業與組織，與他公司及其集團企業與組織，有互相提名另一方之董事、監察人或經理人為獨立董事候選人者，上市上櫃公司應於受理獨立董事候選人提名時揭露之，並說明該名獨立董事候選人之適任性。如當選為獨立董事者，應揭露其當選權數。

換言之，相關法令雖未認定甲、乙兩人不具獨立性，但應予以說明，避免獨立性遭受質疑。

國內外實務分享

依國外運作實務，公司董事會與提名委員會在審酌獨立董事候選人是否具有獨立性時，除一定要符合法令規定有關獨立性之要件外，往往也會考慮該人選是否具有「實質上之獨立性」。舉例來說，若候選人與董事長或者多位董事成員有極密切的社交關係，該人之獨立性很可能會受到質疑。

此外，臺灣證券交易所股份有限公司有價證券上市審查準則補充規定，對於公司間是否具有控制或從屬關係之認定，較獨立董事設置辦法中對於關係企業之認定為明確，公司在考慮候選人獨立性時，也可以作為參考。

根據臺灣證券交易所股份有限公司有價證券上市審查準則補充規定，具有下列各款情事之一者，彼此間具有控制或從屬關係：

（一）屬於母公司及其所有子公司關係者。

（二）申請公司直接或間接控制他公司之人事、財務或業務經營者；或他公司直接或間接控制申請公司之人事、財務或業務經營者。其判斷標準如下：

　　1. 取得對方過半數之董事席位者。

2. 指派人員獲聘為對方總經理者。

3. 依合資經營契約規定擁有對方經營權者。

4. 為對方資金融通金額達對方總資產之三分之一以上者。

5. 為對方背書保證金額達對方總資產之三分之一以上者。

（三）申請公司與他公司相互投資各達對方有表決權股份總數或資本總額三分之一以上者，並互可直接或間接控制對方之人事、財務或業務經營者。

FAQ 4

依證券交易法規定，審計委員會成員中至少 1人應具備會計或財務專長，其定義或標準為何？

答 根據相關規定，如符合「公開發行公司獨立董事設置及應遵循事項辦法」所定獨立董事之專業資格條件且符合下列條件之一者，應可認為具備會計或財務之專長，另公司亦可依自身需求，另訂更高之標準：

（一）具公開發行公司財務主管、會計主管、主辦會計、內部稽核主管之工作經驗。

（二）具直接督導上開（一）職務之工作經驗。

（三）取得會計師、證券投資分析人員等證書或取得與財務、會計有關之國家考試及格證書，且具有會計、審計、稅務、財務或內部稽核業務 2 年以上之工作經驗。

（四）經教育部承認之國內外專科以上學校修畢會計、財務、審計或稅務相關科目 12 學分以上，且具有會計、審計、稅務、財務或內部稽核業務 3 年以上之工作經驗。

（五）經教育部承認之國內外高職或同等學校修畢會計、財務、審計

或稅務相關科目 12 學分以上，且具有會計、審計、稅務、財
務或內部稽核業務 5 年以上之工作經驗。

國外實務分享

選出學有專長，能為公司加值的獨立董事至關重要。國外實務中，
董事會或提名委員會先確認公司董事應具備哪些專長才能符合公司
需要，並在股東會選任董事相關資料中說明，所提名之候選人的背
景經歷，以及符合哪些公司所需要的專業能力與經驗。

案例分析 2-4

星巴克(Starbucks)於2019年股東會開會通知與委託書徵求資料中，詳列公
司所需董事應具備之經驗／資格條件／技能，包括：產業經驗，資本市場
籌資經驗，性別、種族、國籍，品牌行銷、運營零售業之跨國經驗，永續
與公共政策之國內與跨國經驗，新興科技、人力資源管理、上市公司董事
會經驗等項目，並且詳述每一項的具體內容。

摘要內容如下：

產業經驗	身為全球精品咖啡業中主要業者，我們需要具備在消費品、零售、食品及飲料產業領域經驗的董事，上述經驗有助於理解我們產品發展和零售，及授權業務。
品牌行銷經驗	我們相信，董事具備品牌行銷經驗是重要的，因為在精品咖啡產業中，品牌形象及聲譽具有相當之重要性，我們的目標是維持星巴克是全球最受認可及受尊敬的品牌之一的地位。
國內及國外永續發展及公共政策經驗	我們相信，董事應具備國內外永續發展及公共政策經驗是重要的，用以協助我們處理重要公共政策議題、適應不同產業及監管環境，以及促進我們與各國政府的合作。

2.1.2 審計委員會成員與召集人之選任

■ 審計委員會由全體獨立董事組成，獨立董事與非獨立董事於股東
會一併進行選舉，分別計算當選名額。

■ 董事會或提名委員會考量是否再次提名現任獨立董事時，應將董
事會績效評估之結果納入考慮。

■ 審計委員會之召集人由全體成員互推一人擔任之。

以下有關審計委員會成員與召集人之選任，分成獨立董事候選人
之提名與審計委員會召集人之選任兩點說明：

(1) 獨立董事候選人之提名

國內外實務分享

提名獨立董事候選人時，除應注意是否符合法令規定之專業性、獨
立性外，也應注意其是否有擔任稱職獨立董事之特質：

■ 誠實正直，並具有高道德標準。

■ 良好的溝通技能與團隊合作精神。

■ 具有獨立、客觀與良好的判斷能力。

■ 具有提出質疑與探索問題之能力與意願。

■ 願意投入時間。

提名獨立董事候選人時，提名人應注意該候選人是否具有足夠時間
可以投入審計委員會的工作，台灣證券交易所股份有限公司及財團
法人中華民國證券櫃檯買賣中心共同制訂的「上市上櫃公司治理實

務守則」建議，獨立董事不宜同時擔任超過5家上市上櫃公司董事（包括獨立董事）或監察人。獨立董事除了參與審計委員會之運作外，還必須參與董事會或可能為其他功能性委員會之成員，若無足夠的時間，將可能影響委員會與董事會的決策品質。

國內外實務分享

初任者決定是否受邀擔任獨立董事候選人時，除可先瞭解公司主要管理階層的背景資料、風評，以及閱讀有關該公司之相關資訊（例如公司近年年報、近年董事會之組成與異動情況、管理階層異動情況、簽證會計師風評與異動情況、公司重大訊息與相關媒體報導、相關訴訟或爭議事件等）外，尚可透過與管理階層之溝通，瞭解公司所屬產業情況與未來發展與公司對於獨立董事及審計委員會之期待，候選人也應評估是否有充分的時間可以投入獨立董事與審計委員會之工作。

(2) 審計委員會召集人之選任

國內實務分享

每屆第一次的審計委員會應選出審計委員會召集人，但相關規範中，未明文規定每屆第一次之審計委員會由何人召集。實務運作中，有公司參照公開發行公司董事會議事辦法的規定，每屆第一次委員會，由股東會所得選票代表選舉權最多之獨立董事召集，該次會議主席由該召集權人擔任之，召集權人有二人以上時，應互推一

人擔任之，第一次會議召開時，再互推一人為本屆審計委員會之召集人。也有公司是由公司議事單位發出開會通知，會議前由全體成員互推一人為該次會議主席，會議中再互推一人為本屆審計委員會之召集人。另有公司直接由全體獨立董事互推一人為本屆審計委員會之召集人，再發出第一次開會通知。

由於相關辦法中無明文規定，前述做法似乎都不違反證券交易法有關召集人應由全體獨立董事互推一人產生之規定。但為避免爭議，建議公司可於審計委員會組織規程明訂相關程序。

2.2 審計委員會成員與召集人宜具備之能力與經驗

2.2.1 審計委員會整體應具備之能力與經驗

國內外實務分享

審計委員會成員應普遍具有執行其核心職務所必須具備之知識、技能及素養。**審計委員會整體宜具備以下全部或部分能力、專長或經驗：**

■ 理解財務報告之能力。

■ 理解與評估所採用之會計原則之能力。

■ 對於管理階層就公司財務報告編製與會計師就查核事項之說明，能提出適當的詢問。

■ 理解涉及公司營運之內部控制及風險因素之能力，包括產業、新興科技、衍生性金融商品等。

■ 曾擔任一定規模事業體之執行長、財務長或其他監督財務之高

階管理職務的經驗。

■　具有會計或財務之學歷或專業資格。

■　具有財務管理、財務報告或會計等相關領域之工作經驗。

2.2.2 審計委員會召集人宜具備之能力與經驗

國內外實務分享

參考國內外運作實務，審計委員會召集人宜具備以下之能力、經驗與特質，委員會成員於互推召集人時，可多加留意：

■　獨立、積極且自信、正直之領導人。

■　受人敬重且經驗豐富的董事會成員，具有豐富的財務知識技能，以及充足的時間可投入審計委員會召集人之工作。

■　對審計委員會的職能具有豐富經驗與專業知識者。

■　良好的傾聽者和溝通者，可以協調審計委員會與董事會、其他功能性委員會以及管理階層之關係，獲取必要資源，以促進委員會之效能。

■　能夠創造自由意思表達的環境。

■　願意適時挑戰管理階層的觀點，提供獨立、客觀之意見。

國外實務分享

召集人在審計委員會效能之提升上扮演關鍵角色，參考國外運作實務，召集人可以關注以下幾個面向：

- 建立審計委員會之基調。

- 促進委員會各成員均有所發揮，以達成委員會目標。

- 促進委員會成員間，以及委員會與董事會、管理階層、簽證會計師與其他專業顧問間之良性互動與建設性關係。

- 促進委員會獲取及時且充分之資訊。

- 遵循良好的議事規範。

- 促進委員會可獲得外部專家意見。

- 持續地進行委員會與成員的績效評估。

審計委員會召集人之實務範例，請參見本章[附件2-1審計委員會召集人實務範例]。

2.3 審計委員會成員之就任與進修

2.3.1 就任

國內外實務分享

為使新任董事充分了解公司與產業情況，公司宜安排新任獨立董事之就任說明，以確保獨立董事瞭解產業趨勢、職責、公司財務業務情況、財務報告查核過程，以及董事會對於審計委員會的定位與期待。有些公司的就任說明約為1.5天至2天，由總經理與各單位一級

主管分別向新任董事報告,也會安排新任獨立董事與簽證會計師見面。

參考國內外實務做法,就任說明可包括公司情況、產業情況、董事會/委員會之運作、年報與財務報告、內部控制、風險管理與法令遵循,以及獨立董事之義務責任幾大方向,詳細內容,請參考[附件2-2 新任董事就任說明]。

2.3.2 進修

■ 審計委員會成員應透過持續進修,強化執行審計委員會職能的專業能力。

■ 獨立董事之進修,宜考量在各董事專業能力以外之範圍,選擇涵蓋公司治理主題相關之財務、風險管理、業務、商務、法務、會計及企業社會責任等課程,或內部控制制度、財務報告責任相關課程。

國內實務分享

依台灣證券交易所股份有限公司頒訂的「上市上櫃公司董事、監察人進修推行要點」,新任者於就任當年度至少宜進修十二小時相關課程,就任次年度起每年至少宜進修六小時。目前雖尚非強制規定董監事之進修,但一般而言,上市上櫃公司多遵循此要點,並將董事進修情形揭露於公開說明書、年報、公開資訊觀測站及公司網站。此外,董事的進修情況也納入公司治理評鑑項目中。

公司應根據獨立董事之學經歷及專業背景,衡酌公司之經營主軸與

主要業務發展方向，協助獨立董事安排適當的進修內容。由於不同產業的財務報告、內部控制與風險管理的重點會有所不同，外部進修課程若無法滿足獨立董事之需要時，公司宜投入資源使獨立董事取得相關進修機會。公司可利用各開課單位的到府授課服務，邀請與所屬產業相關的專家，針對公司的情況舉辦內部進修課程。舉例來說，公司可邀請專家為獨立董事開設分析公司與同業財務報告的進修課程。公司規劃進修課程時，可以參考臺灣證券交易所發布的董事進修地圖之核心課程與進階課程。

獨立董事參與相關進修課程之費用宜由公司負擔之。

2.4 重要法規、守則與參考範例

本章除參考國內外相關機構之專業出版品外，亦參考我國相關法令、守則及範例。相關法令、守則茲整理如下，讀者請注意法規之更新。

1.	證券交易法
2.	公開發行公司董事會議事辦法
3.	公開發行公司獨立董事設置及應遵循事項辦法
4.	上市上櫃公司治理實務守則
5.	公司治理問答集—審計委員會篇

附件 2-1：審計委員會召集人實務範例

(1) 建立審計委員會運作之基礎原則

    A. 設定與帶動審計委員會之基調：充分投入、勤於蒐集資料，並保持獨立、客觀，同時願意在適當時挑戰管理階層的觀點。

    B. 透過與董事長與管理階層的討論，瞭解公司情況與策略目標，擬定審計委員會年度工作重點。

    C. 定期檢視審計委員會組織規程，使審計委員會與董事會以及各功能性委員會可協力合作。

(2) 促進委員會各成員均有所發揮，以達成委員會目標

    A. 召集人對於財務報告編製之會計原則與審計準則有相當程度之瞭解，以便能提出關鍵問題。

    B. 瞭解其他成員的優點與缺點，確保所有成員對於委員會之運作，均有所貢獻。

(3) 促進委員會成員間，以及委員會與董事會、管理階層、簽證會計師與其他專業顧問間之良性互動與建設性關係

    A. 利用與管理階層、簽證會計師和顧問之正式與非正式會議或對談凝聚共識。

    B. 善用社交活動加深彼此之信賴關係與瞭解。

    C. 必要時，應主動邀請管理階層出席審計委員會。

(4) 促進委員會獲取及時且充分之資訊

A. 促進委員會之相關文件以及管理階層所提供之資訊充分、適當與及時。

B. 促進提供給審計委員會成員之資料，以容易閱讀的方式呈現，避免過於冗長或複雜。

C. 促進財會主管於必要時，向委員會說明重要的財務報告編製議題，尤其是關於會計政策之變動及其原因。

D. 要求簽證會計師於必要時，應向召集人與委員會溝通說明影響財務報告的相關規則之最新修正（例如會計準則、審計準則，或職業道德準則的修正）。

E. 對於簽證會計師之各種警示保持警覺（例如語帶保留、欲言又止），並採取必要之措施，並且積極回應委員會成員對於與簽證會計師溝通之要求。

F. 定期檢視公司內部控制制度的有效性以及內部稽核人員之專業資格，確保內部稽核部門有足夠的資源執行職務。

G. 利用法規對於財務報告的規範與要求，強化公司對財務業務資訊的分享和財務控制的重視。

H. 要求內部稽核部門提供及時且定期的報告，聚焦於已辨識的風險領域，報告若不充分或有拖延情況，應視為警示信號，採取適當措施並提醒董事會提高注意。

(5) 遵循良好的議事規範

A. 制定適當的會議時間表（例如，依照議案之重要性排定討論的優先順序），以確保委員會有充分時間討論重大議題，不會因委員會的日常性事項而受到壓縮，以使決議周延。

B. 鼓勵成員於會議前對議案有充分之瞭解，必要時可邀請管理階層進行說明，增加成員對於相關議案之瞭解。

C. 促進會議中之討論均有明確目的，避免失焦。

D. 會議中不宜使用過多的專業術語。

E. 保持積極與建設性，不同意他人意見時，應提出具有建設性之建議。

F. 會議結束後，應檢視公司治理主管/議事人員做成約一至兩頁的會議重點摘要，與委員會議事錄一併送交董事會（若時間來不及完成委員會議事錄，可先提交會議重點摘要，委員會議事錄應提交下一次董事會），召集人並向董事會報告審計委員會的決定以及討論時的焦點與疑慮。

G. 召集人應確保公司治理主管／議事人員向未能親自出席的成員說明會議討論的重點。

(6) 促進委員會可獲得外部專家與利害關係人意見

A. 促進委員會於必要時，有尋求外部專家和其他專業人士意見之管道與資源。

B. 促進委員會成員瞭解股東與相關利害關係人，對於涉及委員會主要職掌相關議題之意見。

(7) 持續地進行委員會與成員的績效評估

A. 進行績效評估時，應與委員會成員及執行單位（例如公司治理人員）討論選定適當的考核項目。

B. 定期由獨立的第三方機構評估委員會績效，以便引進外部觀點與最佳實務做法。

附件 2-2：新任董事就任說明

參考國內外實務做法，就任說明可包括以下主題，公司可根據各自情況與獨立董事之需求調整之：

(1) 公司概況

    A. 公司組織架構圖：管理階層（至少包括總經理、財務長、內部稽核、風控長、法遵長、公司治理主管）之背景和經驗、職權範圍、任職年數，職務隸屬之安排，近期重大人事變動，以及關係企業與轉投資。

    B. 公司大股東及其實質受益人，以及近期之重大變動。

    C. 主要的產品/服務、國內外營運情況，以及近期之重大變動。

    D. 公司策略分析（例如SWOT分析、4C分析、4P理論、PEST分析等）。

    E. 未來營運方針與目標。

    F. 盈餘與趨勢分析，以及近期重大變動與原因。

    G. 財務結構與流動性。

    H. 公司重大政策與規章辦法。

    I. 近期發布之公告與重大訊息，以及處理情形。

    J. 企業社會責任報告書（或永續報告書）。

(2) 產業概況

    A. 產業概況：產業鏈、主要上下游廠商、主要競爭對手。

    B. 產業趨勢分析與總體經濟對產業之影響。

(3) 董事會/審計委員會之運作

    A. 依據公司的需求，董事會與審計委員會之定位與階段性目標。

    B. 董事會與委員會組織規程：主要職責及權限，近期重大修訂。

    C. 會議日程表及議程，以及近年的年度工作重點。

    D. 近期董事會、審計委員會、其他功能性委員會、股東會重大議案內容、決議結果與執行情形。

    E. 支援董事會/審計委員會運作的單位與人員，以及其分工。

    F. 董事會/審計委員會績效評估方式、考核項目與頻率，近期績效評估結果，改善措施與情形。

(4) 年報與財務報告

    A. 近期年報與財務報告，以及近年會計師出具之查核報告及關鍵查核事項。

    B. 簽證會計師之委任範圍、重大非審計服務、近年獨立性之評估情況，是否有討論更換會計師，以及近期與會計師溝通之重要內容。

    C. 重大會計政策與會計估計之相關項目，對財務報告之影響，以及近期是否有重大變動與其原因。

(5) 內部控制、風險管理與法令遵循

    A. 董事會職權與經營團隊核決權限劃分表。

    B. 公司內部控制制度架構，近期重大修正，近期內部控制報告，以及內部控制重大缺失與改善情況。

C. 公司風險管理架構，近期重大修正，經管理階層辨識的重大風險，以及因應措施。

D. 法令遵循計劃要點，近期重大修正，近期重大違反法令，或被主管機關裁罰之情況與處理情形，近期重大訴訟與爭議事項以及處理情形。

E. 公司揭弊處理辦法，近期重大修訂，以及近期吹哨者揭弊案件與處理情形。

(6) 獨立董事之法律義務與責任

法令對於獨立董事與審計委員會的要求與限制，以及可能的法律責任，例如獨立董事獨立性之要求、持股申報與轉讓限制、保密義務與內線交易的禁止、審議財務報告之法律責任等。

第三章 審計委員會之運作

3.0	重點摘要	69
3.1	審計委員會組織規程	69
3.2	年度會議計畫與開會時程之擬定	70
	3.2.1 年度工作重點之擬定	70
	3.2.2 年度會議計畫	71
3.3	議程之確定與執行	72
	3.3.1 議程之擬定、臨時動議與召集通知	72
	3.3.2 會議資料之提供與請求	73
	3.3.3 會議前之準備	77
	3.3.4 開會、出席與決議	78
	3.3.5 議事錄之製作與確認	81
	3.3.6 不同意見之表達與處理	83
	3.3.7 決議事項之追蹤	85
	3.3.8 執行職務之支援系統	86
3.4	與管理階層之互動	90
3.5	重大財務業務事項之審議	91
	3.5.1 重大財務業務行為處理程序之訂定與修正	92
	3.5.2 重大財務業務行為之審議	93
3.6	績效評估與改善措施	103
3.7	審計委員會運作情形之資訊揭露以及與股東（機構投資人）之溝通	107

　　　3.7.1　審計委員會運作情形之資訊揭露　　　　　　108

　　　3.7.2　審計委員會與股東（機構投資人）之溝通　　110

　3.8　重要法規、守則與參考範例　　　　　　　　　　113

　　　附件 3-1 審計委員會核心職能應遵循之參考原則　　114

　　　附件 3-2 審計委員會年度會議計劃範例　　　　　　116

　　　附件 3-3 審計委員會績效評估自評問卷範例　　　　120

　　　附件 3-4 審計委員會運作情形之資訊揭露範例　　　126

3.0 重點摘要

　　審計委員會組織規程為委員會運作的依據，委員會應定期檢視組織規程之內容是否符合法令以及有效運作，必要時可建議董事會修正。審計委員會除常態性審議事項外，可以根據公司的需要，訂定年度工作重點，並於年度績效評估時進行考核。審計委員會以會議的方式運作，開會前、會議中與開會後都有相關程序應遵守，如此才能確保委員會的有效運作與法令遵循。

　　上市上櫃公司應每年進行一次董事會（包括審計委員會）績效評估，審計委員會績效評估之考核項目，應與委員會年度工作重點以及核心職能密切相關，審計委員會召集人於考核之前，應與績效評估之執行單位討論（例如薪酬委員會），擬定適當的考核項目。

　　功能性委員會資訊揭露近年來受到重視，公司年報中有關審計委員會之記載，宜說明審計委員會年度重大審議事項之內容以及做成決策之考量因素，以使投資人清楚瞭解審計委員會之運作情形。

3.1 審計委員會組織規程

■　審計委員會組織規程經董事會決議通過後施行，修正時亦同。

■　審計委員會組織規程，應至少記載以下內容：

- 審計委員會之人數、任期。

- 審計委員會之職權事項。

- 審計委員會之議事規則。

- 審計委員會行使職權時公司應提供之資源。

■ 審計委員會應定期檢討組織規程相關事宜，提供董事會修正時之參考。

國外實務分享

參考國外審計委員會運作實務，其組織規程除包括人數、任期、職權事項、議事規則外，通常還包括審計委員會執行核心職權的基本運作原則，[附件3-1審計委員會核心職能應遵循原則]以審計委員會對於財務報告、內部控制（含法令遵循）與風險管理之監督為例，介紹國外審計委員會組織規程之記載內容，公司可依需求決定是否採用。

3.2 年度會議計畫與開會時程之擬定

3.2.1 年度工作重點之擬定

國內外實務分享

有些公司的審計委員會除執行審閱財務報告等常態性工作以外，會依據公司的需要制定年度工作重點。例如審計委員會每年年底檢討組織規程時，一併規劃下年度會議計畫以及工作重點，也有公司的審計委員會係以一屆三年為規劃工作重點的期間。

工作重點的內容，應視公司的需求而定，審計委員會召集人宜與董事長討論公司現階段的情況與未來發展，並於委員會中提案討論。舉例來說，為因應新的環境變化（例如氣候變遷、大規模流行性傳染病、區域與國際政治情勢變化），公司的內部控制制度與風險管理制度若有必要全面重新檢視，審計委員會就可以列為

年度監督之工作重點。又例如公司剛合併一家公司，需要考量兩家公司財務報告編製、內部控制與風險管理、資訊系統及人員等各方面的整合，審計委員會宜強化相關的監督密度與力度。又如主管機關發布新的法令或者政策，涉及審計委員會的核心職能與公司內部多項控制架構與作業程序的改變，也可以考慮列為年度公司計畫進行全盤審視。

3.2.2 年度會議計畫

國內外實務分享

確定年度工作重點後，公司治理主管/議事人員應協助召集人擬定下一年度的會議計畫。會議次數的安排以及每次開會的主題，應依照法令要求、組織規程以及年度工作重點規劃進行安排。會議召開時間應配合財務報告編製與審計之重要時程。會議召集之次數與會議長短可依議案內容定之。

預先規劃年度會議計畫並確定開會時間，一方面可以提高審計委員會成員之出席率，另一方面也可以使管理階層儘早準備相關會議資料，避免資料缺漏或遲延。

有關年度會議計畫之擬訂，請參見[附件3-2審計委員會年度會議計劃範例]。

3.3 議程之確定與執行

3.3.1 議程之擬定、臨時動議與召集通知

■ 會議議程由召集人訂定之，其他成員亦得提供議案供委員會討論。

■ 審計委員會之召集，應載明召集事由，於7日前通知委員會成員。但有緊急情事者，不在此限。

■ 前項召集之通知，經相對人同意者，得以電子方式為之。

以下分為議程之擬訂與臨時動議，以及召集通知兩個部分說明之：

(1) 議程之擬定與臨時動議

國內實務分享

有些公司審計委員會之議案，係由公司治理主管／議事人員協助檢視預定之年度會議計畫，並由經理部門的增減擬議，此外委員會成員也可以提出建議，最後由召集人整合決定會議議案。

審計委員會的議案原則上都依照年度會議計畫表進行，除非有突發緊急情事或正當事由而以臨時動議提出外，應於召集事由中列舉。當然，不能排除有緊急情事或正當事由，在開會前一兩天才提出新議案，或者開會時才看到議案。遇到此種情況，應請提案人或管理階層與召集人及成員密切溝通，說明議案內容、臨時提案的理由及必要性，以瞭解該案是否具有急迫性，獨立董事也一定要儘量提問，並與其他委員充分交換意見；若真有疑慮，可以建議將議案保

留，延期審議，或表達反對或者保留意見。

此外，召集人擬定議程時，應注意辨識重大議題為何，並預估每項議案所需時間，依照議案之重要性與審計委員會討論的情況，排定議案順序，以確保重大議案有充分的討論時間。

(2) 召集通知

相關辦法規定，委員會之召集應載明召集事由，於7日前通知委員會成員。但有緊急情事者，不在此限。法令規定公司應於開會7日前發出召集通知併同會議資料，是希望委員會成員有充分時間閱讀會議資料，若認為資料不足，也有時間請求公司補足。若是召集通知短於7日，成員可能沒有時間閱讀資料以及與其他成員充分交換意見。因此，除非發生可能嚴重影響公司營運或導致重大損失之情事，否則公司應於7日前發出召集通知。

若遇到公司未能在7日前發出召集通知的情況，成員應詢問是否有急迫性、有無替代方案，以及相關決策可能產生之風險等問題。

3.3.2 會議資料之提供與請求

■ 公司治理主管/議事人員應彙整委員會議案相關資料，與召集通知一併寄送審計委員會成員。

■ 委員會成員如認為會議資料不充分，可向公司治理主管／議事人員請求補足；如認為議案資料不充足，得經委員會決議後延期審議之。

以下分成資料提供的時間、形式，處理董事資訊請求，以及資料之內容等四個部分說明之。

(1) 資料提供的時間

FAQ 1

公司未於開會前7日提供資料，而是在現場或者開會前才提供資料，該怎麼辦？

答 獨立董事取得充分且及時的資訊是履行職務的第一步。審計委員會定期會議時間，若能及早排定，將使各部門有充分的時間進行議案與會議資料的準備。若經常發生無法準時提供資料的情況，召集人有必要瞭解原因並尋求改善之道。

實務運作中，獨立董事表達反對或保留意見的主要原因，多為「資訊不充足」，例如「公司臨時通知，且未經董事有機會研究本案利弊得失並得以充分討論之情況下倉促決定」、「公司未提供若干項目的相關資料」、「投資項目沒有經過評估程序、沒有可行性分析」等。有經驗的管理階層與公司治理主管／議事人員，應可瞭解委員會成員做決策時，需要參考哪些資料，應及早做準備，避免委員會成員因資訊不充分而表達反對或保留意見。

若遇有特殊情況，確實無法及早提供資料，管理階層也必須與召集人與委員會成員充分溝通，儘量化解審計委員會成員之疑慮。

(2) 資料提供的形式

FAQ 2

公司提供的資料太多、太雜，開會前根本讀不完，甚至難以理解，該怎麼辦？

答 委員會成員應取得適當且及時之資訊，公司管理當局所提供之資料，其形式及質量均須足使委員會能夠在掌握有關資料的情況下作出決定，以便履行其董事職責。

召集人應注意議案的提案說明與資料彙整方式，是否有助於委員會成員之閱讀與理解；成員若認為會議資料不易閱讀，亦應及時向召集人與公司治理主管／議事人員反應，以尋求改善。

國外實務分享

為協助審計委員會成員對於議案內容之瞭解以及強化審計委員會之運作效能，針對重大議案，管理階層所提出之提案說明，可以包括以下內容：

■ 議案屬於審計委員會組織規程中委員會職權的哪一項。

■ 提案單位與提案人。

■ 提案重點與理由。

■ 管理階層建議方案、理由，以及對公司之影響。

■ 替代方案分析。

■ 議案參考資料目錄。

■ 必要時，檢附專家意見。

(3) 處理董事資訊要求

FAQ 3

委員會成員請求提供議案相關資料，但公司以涉及機密或董事會決議不宜提供為由，拒絕提供，該怎麼辦？

答 委員會成員應取得及時且充份之資訊才能依法履行職務，公司不能任意拒絕。若確有保護公司機密之需要，公司治理主管／議事人員除了應再次提醒委員會成員保密之責任與重要性外，應以便利成員及時取得資訊為目標，與召集人及成員討論取得資訊之方式（例如以加密、分級及授權之方式處理）。成員需要重視資訊的保管與保密，並瞭解若違反保密義務，可能造成公司重大損失，自身也會有相應的法律責任。

應留意的是，根據「臺灣證券交易所股份有限公司上市公司董事會設置及行使職權應遵循事項要點」及「財團法人中華民國證券櫃檯買賣中心上櫃公司董事會設置及行使職權應遵循事項要點」，均要求上市上櫃公司應訂定處理董事提出要求之標準作業程序，並據此處理董事資訊取得事宜。

(4) 資料內容

國內外實務分享

有些公司審計委員會開會時，會先進行報告案，聽取管理階層對於公司財務、業務變化，以及內部控制與法令遵循、風險管理等相關事項之報告，相關資料（至少包括簡報）會在開會前與召集通知及其他議案資料一併寄送獨立董事，以強化獨立董事對於公司的了解。

依照公司情況與審計委員會成員之需求，管理階層報告事項可以包括以下：

- 公司財務、業務與產業報告：本年度與去年度同期以及原預估之比較，差異之原因。

- 上次開會後，公司與產業是否發生重大不尋常之事項或變化，管理階層如何因應。

3.3.3 會議前之準備

國內實務分享

公司治理主管/議事人員於寄送召集通知、議程與會議資料後，應詢問成員有無需要補充或說明之處。成員應於開會前詳讀會議資料，若有疑問，可與召集人、公司治理主管/議事人員討論。對於較為複雜之案件，召集人可事前瞭解各成員意見，必要時，可安排管理階層向成員說明。

根據中華公司治理協會所做的2018年獨立董事調查，部份公司表示會以會前會之形式先交換意見。但這些會前的討論，不是正式開會，沒有錄音或錄影，也不會做成會議記錄，因此，成員可將會前詢問與討論之重點以及有疑慮之處，於正式會議中提出，並請求載明於會議記錄。

3.3.4 開會、出席與決議

■ 審計委員會至少應每季召開一次，並於審計委員會組織規程中明定之。

■ 審計委員會之成員應親自出席會議，如不能親自出席，得委託其他獨立董事成員代理出席；如以視訊參與會議者，視為親自出席。

■ 審計委員會成員委託其他獨立董事成員代理出席時，應於每次開會前出具委託書，且列舉召集事由之授權範圍。代理人以受一人之委託為限。

■ 委員會之決議，應有全體成員二分之一以上之同意。表決之結果，應當場報告，並作成紀錄。

■ 審計委員會之議案，如未經全體成員二分之一以上同意者，得由全體董事三分之二以上同意行之。但議案為公司年度財務報告及須經會計師查核簽證之第二季財務報告之審議時，獨立董事成員仍應以書面出具是否同意之意見（公開發行公司審計委員會行使職權辦法第8條）。

以下分成審計委員會之開會次數、委員會成員未出席時應注意事項、議案之決議等四部分說明之。

(1) 審計委員會開會次數

FAQ 4

審計委員會是否每季開一次就足夠了？

答 依照相關辦法，審計委員會應至少每季召開一次。根據中華公司治理協會 2019 年上市（櫃）公司審計委員會運作狀況之調查，審計委員會每年平均召開 5.30 次。

適當的開會次數，與公司規模大小、業務複雜程度、會議前的準備與議事效率有關，不能一概而論。臺灣證券交易所與櫃檯買賣中心將「受評年度公司是否至少召開六次董事會」列為評鑑指標，可供參考。

(2) 委員會成員未出席會議時，應注意事項

FAQ 5

審計委員會與董事會決議通過財務報告，但事後被法院認定為財務報告不實。沒有出席會議的獨立董事，有沒有法律責任？

答 依目前法院見解，獨立董事應實質審閱財務報告，法院認為獨立董事沒有出席會議或沒有在財務報告上簽名等理由，均不能免除獨立董事審閱財務報告之義務，更不能以此等理由免責。

治理良好的審計委員會，在前一年之年底已排定次年度的會議規劃與時程，獨立董事要善盡職責就應該出席相關會議，若有問題，也要積極提問及參與討論。若遇有爭議性議案就不出席，反而可能增加執行職責之風險。

FAQ 6

審計委員會成員因故無法出席會議，也無法以視訊方式參加，該怎麼做比較好？

答 委員會成員應親自出席會議為妥，如果無法親自出席，也應儘量使用視訊方式參加，但若確實有正當理由無法出席時，應怎麼辦呢？

依相關辦法，此時可以委託其他成員代理出席，並應列舉召集事由之
授權範圍。公開發行公司董事會議事辦法中也規定，如獨立董事不能
親自出席董事會表達反對或保留意見者，除有正當理由外，應事先出
具書面意見，並載明於董事會議事錄。

會議結束後，未出席之成員也宜仔細閱讀議事錄，如有任何問題，應
及時向召集人或公司治理主管／議事人員詢問與反應。

(3) 議案之決議

FAQ 7

審計委員會計算決議票數時，能否以反對議案的獨立董事人數推估贊成議
案者？

答 證券交易法規定，審計委員會的議案應經全體成員二分之一以上同
意，並提董事會決議，如未經審計委員會全體成員二分之一以上同意，
除年度財務報告及須經會計師查核簽證之第二季財務報告（證券交易
法第十四條之五第十款「須經會計師查核簽證之第二季財務報告」，
係指金融控股公司之合併報告、本國銀行及票券金融公司之個體財務
報告）外，得由全體董事三分之二以上同意行之。

換言之，召集人與公司治理主管／議事人員必須確認議案是否經成員
二分之一以上同意，若有個別成員意思不明確時，召集人應予以確定，
以免日後發生爭議。

委員會成員對於議案可能表達贊成、反對，或者保留，未表達反對的
成員，不一定就是贊成該議案，也有可能是保留。因此，召集人必須
清楚瞭解每位成員的意思，不能詢問反對意見之成員後，即推估其餘
成員皆贊成議案，這樣會將保留的成員也算入贊成人數中。

FAQ 8

證券交易法規定,「審計委員會之議案,如未經全體成員二分之一以上同意者,得由全體董事三分之二以上同意行之。」包括哪些情況?

答 依相關辦法,審計委員會決議議案不通過,或者審計委員會因正當理由無法召開或無法決議,此時議案得由全體董事三分之二以上同意行之。

審計委員會無法召開的情況,例如獨立董事全數缺額或僅剩一人(有關獨立董事缺額應如何處理,請參見**第二章 FAQ 1**)。審計委員會無法決議的情況,包括獨立董事因議案與自身有利害關係,表決時應予迴避,致使參加決議的獨立董事僅剩一人。審計委員會無法召開或無法決議,依相關辦法,議案可由全體董事三分之二以上同意行之。

3.3.5 議事錄之製作與確認

■ 審計委員會之議事錄須由召集人及記錄人員簽名或蓋章,於會後二十日內分送委員會各成員,並應列入公司重要檔案,於公司存續期間妥善保存。

■ 議事錄應詳實記載下列事項:

一、會議屆次及時間地點。

二、主席之姓名。

三、獨立董事成員出席狀況,包括出席、請假及缺席者之姓名與人數。

四、列席者之姓名及職稱。

五、紀錄之姓名。

六、報告事項。

七、討論事項：各議案之決議方法與結果、委員會之獨立董事成
員、專家及其他人員發言摘要、議案涉及利害關係之獨立董
事成員姓名、利害關係重要內容之說明、其應迴避或不迴避
理由、迴避情形、反對或保留意見。

八、臨時動議：提案人姓名、議案之決議方法與結果、委員會之
獨立董事成員、專家及其他人員發言摘要、議案涉及利害關
係之獨立董事成員姓名、利害關係重要內容之說明、其應迴
避或不迴避理由、迴避情形、反對或保留意見。

九、其他應記載事項。

國內外實務分享

台灣公司董事會之紀錄實務，長期以簡略方式記錄議案結果與討
論，根據中華公司治理協會所做的2018年獨立董事調查，超過七成
受訪之獨立董事認為董事會記錄過於簡略。

若議事錄僅呈現議案名稱，管理階層的提案說明以及決議結果，可
能過於簡略。一份好的審計委員會議事錄，要能呈現會議中成員對
於議案核心問題之討論、管理階層回應、外部顧問的意見，以及委
員會最終決議考慮的因素等，使得未參加會議的人也能瞭解成員是
基於那些因素與理由做成決議。此外，若有成員表達反對或者保留
意見，也應於議事錄中載明。

FAQ 9

委員會成員若覺得議事錄過於簡略，應如何處理？

答 委員會成員若覺得審計委員會議事錄過於簡略，未能呈現會議中議案討論的核心，應即時向召集人與公司治理主管／議事人員反應，並要求改善。

議事錄是表明委員會如何運作的重要文件之一，若議事錄過於簡略，不容易釐清董事的責任歸屬，且實務運作中，審計委員會的錄音或錄影資料，原則上僅保存五年，除非在保存期限屆滿前，發生審計委員會相關議決事項涉及訴訟時，才會將相關錄音或錄影存證資料續予保留至訴訟終結止，而議事錄則應永久保存，因此內容完整的議事錄十分重要。

FAQ 10

未確實開會，事後補做會議記錄，可以嗎？成員未出席會議，事後補簽，可以嗎？

答 依據相關辦法，審計委員會的議事應做成議事錄，且詳實記載議事情況及內容。若審計委員會未確實開會，而以事後補造會議記錄，僅請審計委員會成員親簽報到單，或成員未出席會議，但事後補簽報到單，這些沒有實際集會或成員未出席卻以文件表示集會或出席之情況，不僅將使相關人士負民事責任與刑事責任，也會影響公司對外行為之效力，不可不慎。

3.3.6 不同意見之表達與處理

■ 委員會成員如有反對或保留意見，應於議事錄載明，公司並應辦理重大訊息之公告申報。

國內外實務分享

> 我國獨立董事於公司相關會議中表達不同意見，有逐年增加之趨勢，此應與獨立董事逐漸意識執行職務之法律責任，並為避免相關民刑事法律責任具有高度關聯。
>
> 學者研究發現，獨立董事表達不同意見之記載事由中，最常見的為「資訊不充足」或類似理由，包括「公司未提供若干項目的相關資料」、「公司臨時通知，且未經董事有機會研究本案利弊得失並得以充分討論之情況下倉促決定」、「若干說明應再詳予稽核」、「投資項目沒有經過評估程序、沒有可行性分析」、「未經外部人協助研判」及「未經專業人士列席報告」等。
>
> 由前述分析可知，獨立董事表達反對或保留意見，很可能是因為未取得充分資訊。有經驗的管理階層與公司治理主管／議事人員，應知道獨立董事需要何種資訊以做成決策，儘早準備可降低這類情況發生之可能性。
>
> 召集人對於較為複雜或具有爭議性之議案，或會議資料因特殊情況而未能及時提供完整資料的議案，宜於開會前先瞭解各成員想法。規劃議程與會議時間表時，對於較為複雜或具有爭議性之議案應預留充分的討論時間。必要時，可尋求外部專家提供意見。

FAQ 11

若委員會成員於會議中意見不同，爭執不下，審計委員會召集人應如何處理為妥？

答　成員對於議案有不同看法是正常的。召集人應鼓勵不同意見的表達，並且聚焦核心議題的討論，以使決議周延。

召集人對於較為複雜或具有爭議性之議案應有所準備，包括留心成員於事前所取得之資訊是否及時與充分、是否有必要於開會前，請管理階層提供相關說明、是否預留充分會議時間供大家討論、是否有必要邀請外部專家提供意見，以及邀請管理階層做進一步的說明等。

FAQ 12

審計委員會有成員認為資訊不足，建議補充資料後再開會討論，但管理階層表示議案有急迫性，無法容後再議，應如何處理？

答　具有急迫性的議案，管理階層應特別注意避免發生委員會成員認為資訊不足，而表達反對或保留之情況，應儘量於事前與召集人及委員會成員溝通，或取得外部專家意見。若因具有急迫性無法容後再議，但成員仍有所疑慮而表達反對或保留意見，致使議案未能達到委員會成員二分之一以上通過，議案仍可經董事會全體董事三分之二以上同意行之，並辦理重大訊息公告。

3.3.7 決議事項之追蹤

■　審計委員會之決議內容應明確執行單位或人員、執行目標與計畫時程，同時列入追蹤管理，確實考核其執行情形。

國內外實務運作

公司治理主管／議事人員負責決議執行之追蹤管理，每次開會前，應確認相關議案執行情況，並列為審計委員會報告案；若有無法依預定計畫完成目標之情況，宜事先報告召集人，並於開會時邀請執行單位報告，說明遲延原因與改進計畫。

3.3.8 執行職務之支援系統

■ 委員會宜指定辦理議事事務單位，並於組織規程明定之。

■ 委員會得決議請公司相關部門經理人員、內部稽核人員、會計師、法律顧問或其他人員列席會議及提供相關必要之資訊。但討論及表決時應離席。

■ 審計委員會或其獨立董事成員得代表公司委任律師、會計師或其他專業人員，就行使職權有關之事項為必要之查核或提供諮詢，其所生之費用，由公司負擔之。

以下分為議事事務單位、管理階層或公司其他內部人員，以及外部專家三個部分說明之。

(1) 議事事務單位

國內外實務分享

FAQ 13

除相關法令規定公司應設置公司治理主管的情況外，公司是否有必要設置公司治理主管，以及如何協助審計委員會之運作？

答 依上市上櫃公司治理實務守則之建議，上市上櫃公司宜依公司規模、業務情況及管理需要，配置適任及適當人數之公司治理人員，並應依相關規定指定公司治理主管一名，為負責公司治理相關事務之最高主管。

依相關規定，金融控股公司、銀行、票券公司、保險公司、上市（櫃）綜合證券商與金控子公司之綜合證券商，以及實收資本額 100 億元以上非屬金融業之上市（櫃）公司，應於 2019 年設置公司治理主管；公開發行綜合證券商、上市上櫃期貨商，以及實收資本額 20 億以上非屬金融業上市上櫃公司，應於 2021 年以前設置公司治理主管。交易所與櫃買中心之公司治理評鑑指標，亦以公司是否設置公司治理主管作為加分指標，若公司治理主管非兼任，總分可再加一分。

此外，為強化董事會有效運作及法令遵循，金融監督管理委員會發布公司治理 3.0—永續發展藍圖，將推動 2023 年所有上市上櫃公司均應設置公司治理主管，以協助董事執行業務。

公司治理人員在其他國家已行之有年，在我國則是比較新的制度。公司治理主管負責的公司治理事項，包括：

一、依法辦理董事會及股東會之會議相關事宜。

二、製作董事會及股東會議事錄。

三、協助董事、監察人就任及持續進修。

四、提供董事、監察人執行業務所需之資料。

五、協助董事、監察人遵循法令。

六、其他依公司章程或契約所訂定之事項等。

由上述說明可知，公司治理主管的工作範圍係以董事會之召開、董事資訊取得、遵守法令、董事就任與持續進修為核心，這些工作對於獨立董事以及審計委員會之運作來說，尤為重要。獨立董事為外部董事，並未實際參與公司日常營運，公司治理主管在與審計委員會召集人密切聯繫、協助獨立董事取得資訊、確保審計委員會順利召開，以及追蹤暨管理會議決議執行等方面，扮演關鍵角色。

(2) 管理階層與或公司其他內部人員

國外實務分享

審計委員會邀請管理階層或其他內部人員列席會議並提供相關必要資訊時，委員會召集人與成員應適當地詢問管理階層，並提供客觀、公允的意見。

詢問方向	回應者	回覆應涉及之重點
管理階層對向審計委員會所做之提案建議，是否考慮過其他可能性？	總經理/財務長/專案經理/經理人	管理階層是否考慮過其他可能性？
可能的替代方案有哪些？管理階層不採用其他方案的原因為何？	總經理/財務長/專案經理/經理人	管理階層不採用其他方案的理由是否合理？是否與公司策略目標一致？
管理階層認為提案建議可能為公司帶來哪些負面效應與風險？	總經理/財務長/專案經理/經理人	管理階層向審計委員會提案時，是否提供充分且完整之資訊？ 管理階層如何因應提案可能帶來的負面效應與風險？
其他競爭者如何處理此類問題？	總經理/財務長/專案經理/經理人	管理階層所辨識之競爭者是否確為公司在相關領域之競爭者？

(3) 外部專家

國內外實務分享

FAQ 14

審計委員會除依法令規定應徵詢外部專家/獨立專家之情況外,何時宜尋求外部專家意見?聘任外部專家時,應注意什麼?

答 審計委員會在對公司有重大影響之議案,或者決議事項與管理階層有利益衝突、資訊不足又特別急迫之議案時,可以考慮尋求外部專家意見。

應留意的是,外部專家從顧問角度提供意見供審計委員會決策參考,董事依法應就其決策對公司負責。也因此,審計委員會在選擇外部專家時,應注意其是否具有處理相關委任事務之專業與經驗、聲譽風評如何,並且避免與董事或管理階層有利害關係。選任外部專家後,也應確實評估其服務品質與專業度。

有關獨立專家聘任應注意事項,請參見本手冊**第八章 FAQ 7**。

FAQ 15

審計委員會若已委任外部專家,委員會成員還可以找其他外部專家嗎?

答 依證券交易法規定,獨立董事執行業務認有必要時,得要求董事會指派相關人員或自行聘請專家協助辦理,相關必要費用,由公司負擔之。審計委員會執行職務時若已經委任外部專家,委員會成員是否仍可依前述條文另外聘請其他外部專家?換言之,獨立董事自行聘請專家的權力,是否包括審計委員會的權限事項,還是僅限於獨立董事單獨行使職權之事項?對此,尚無法院判決與相關函釋可供參考。

實務運作中，審計委員會於委任外部專家時，成員應積極參與並瞭解其資格條件與專業性，以及外部專家所作成的建議是否有合理的依據與基礎，若有疑慮，應向召集人反應或於會議中提出討論。

3.4 與管理階層之互動

■　委員會得請公司相關部門經理人員、內部稽核人員、會計師、法律顧問或其他人員列席會議及提供相關必要之資訊。但討論及表決時，此類人員應即離席。

國內外實務分享

根據中華公司治理協會發布的2019年公司治理年度調查—台灣上市上櫃公司審計委員會運作狀況，受訪者認為最可增進審計委員會效能的事宜，前三名為「與管理階層的連結」、「成員的專業組合」，以及「與董事會的連結」。

有些公司為增加審計委員會成員與管理階層的連結與互動，以便強化委員會成員對於公司之瞭解，採取以下方式：

(1) 審計委員會召集人可利用正式（例如邀請管理階層出席會議）或非正式方式（例如舉辦餐會或其他社交活動），促進獨立董事與管理階層之交流互動。請參見[附件2-1：**審計委員會召集人實務範例**]。

(2) 每次召開審計委員會時，管理階層可先就重要財務、業務情況進行報告（相關簡報資料可併同召集通知一併寄送委員會成員），必要時，審計委員會可邀請不同部門之管理階層與會。

(3) 若有必要，可以安排審計委員會在不同營運地點開會，或者安排審計委員會參訪。

(4) 兩次委員會開會之間，可由公司治理主管／議事人員蒐集以下資訊，利用公司建置之重大資訊通報系統，或彙整成書面或電子資料，寄送委員會成員，若有重大事件應及時報告，或非重大事件可定期報告，以便成員能夠持續瞭解公司情況：

A. 公司依法進行的各項公告與重大訊息發布。

B. 涉及公司與產業（包括同業）的國內外相關新聞媒體報導。

C. 涉及公司與產業的國內外重要法令與政策發布，以及對公司營運影響之分析。

D. 營運事項

  a. 公司重大財務、業務資訊摘要，例如上下游廠商的變動、財務指標之變化。

  b. 產業分析機構報告摘要。

E. 其他影響公司財務、業務、內部控制、風險管理與法令遵循的重大資訊。

3.5 重大財務業務事項之審議

■ 公司之取得或處分資產、從事衍生性商品交易、資金貸與他人、為他人背書或提供保證之處理程序，其訂定或修正，應經審計委員會同意，並提董事會決議。

■ 涉及董事自身利害關係之事項、重大之資產或衍生性商品交易、重大之資金貸與、背書或提供保證，以及募集、發行或私募具有股權性質之有價證券，應經審計委員會同意，並提董事會決議。

3.5.1 重大財務業務行為處理程序之訂定與修正

■ 審計委員會應定期檢視公司重大財務業務行為之相關處理程序，並應隨時注意主管機關就相關處理準則之更新。

■ 審計委員會應瞭解在其職權範圍內公司重要風險類別的風險偏好，並據此訂定與修正重大財務業務行為之處理程序。

FAQ 16

主管機關發布之重大財務業務之處理準則，包括哪些？

答 金融監督管理委員會發布的相關處理準則有「公開發行公司取得或處分資產處理準則」、「公開發行公司資金貸與及背書保證處理準則」等。審計委員會應注意相關準則的最新修正，以便及時修正公司相關處理程序。

根據「公開發行公司取得或處分資產處理準則」，公開發行公司取得或處分重大資產、符合一定條件之關係人交易、從事大陸地區投資、從事衍生性金融商品、併購或發行新股受讓他公司股份等，均應依照此一準則規定辦理。此外，根據「公開發行公司資金貸與及背書保證處理準則」，公開發行公司擬辦理資金貸與、為他人背書保證者，應先依處理準則訂定資金貸與及背書保證作業程序。

除依前述主管機關發布之相關處理準則外，公司可根據自身之需要，制定更為嚴格的處理程序。

FAQ 17

審計委員會應如何審議重大財務業務行為之處理程序？審查之重點為何？

答 審計委員會審議相關處理程序時，應注意是否包括主管機關發布的處理準則所列之應記載事項，茲說明如下：

■ 取得或處分資產處理程序，是否載明「公開發行公司取得或處分資產處理準則」所規定之應記載事項，包括資產範圍、評估程序、作業程序、公告申報程序、公司及各子公司取得非營業使用之不動產或其使用權資產或有價證券之總額，及個別有價證券之限額、對子公司取得或處分資產之控管程序、相關人員違反處理程序之處罰等。

■ 從事衍生性商品交易處理程序，除前述各項規定外，是否載明交易原則與方針、風險管理措施、內部稽核制度，以及定期評估方式及異常情形處理。

■ 資金貸與他人作業程序，是否載明得貸與資金之對象、評估標準、貸與總額及個別對象之限額、資金貸與期限及計算方式、資金貸與辦理程序、詳細的審查程序、公告申報程序、已貸與金額之後續控管措施、逾期債權處理程序、經理人及主辦人員違反處理準則與公司所訂定之作業程序時之處罰、對子公司資金貸與他人之控管程序等。

■ 背書保證作業程序，是否載明得背書保證之對象、因業務往來關係從事背書保證之評估、辦理背書保證之額度與程序、詳細的審查程序、對子公司辦理背書保證之控管程序、印鑑章使用及保管程序、決策及授權層級、公告申報程序、經理人及主辦人員違反處理處理準則與公司所訂定之作業程序時之處罰。

3.5.2 重大財務業務行為之審議

■ 涉及董事自身利害關係之事項、重大之資產或衍生性商品交易、重大之資金貸與、背書或提供保證，以及募集、發行或私募具有股權性質之有價證券，應經審計委員會同意，並提董事會決議。

以下就董事自身利害關係之事項、重大之資產或衍生性商品交易、重大之資金貸與、背書或提供保證，以及募集、發行或私募具有股權性質之有價證券四個部分說明之：

(1) 涉及董事自身利害關係之事項

A. 審計委員會審議時，獨立董事成員對於會議之事項，有自身利害關係致有害於公司利益之虞時，應於當次會議說明其自身利害關係之重要內容；有害公司利益之虞時，不得參與表決。

B. 審計委員會審議事項，涉及獨立董事成員之配偶、二親等內血親，或與該獨立董事有控制從屬關係之公司，視為獨立董事就該事項有自身利害關係。

C. 審計委員會之議事錄應載明涉及利害關係之獨立董事成員之姓名、利害關係重要內容之說明，其應迴避或不迴避理由、迴避情形、反對或保留意見。

FAQ 18

證券交易法規定，「涉及董事自身利害關係之事項」應經審計委員會同意後，提董事會決議。哪些是屬於涉及董事自身利害關係之事項？

答 法律規定涉及董事自身利害關係之事項應經審計委員會同意後，提董事會決議，而不能由經理部門決行，其立法目的在於避免董事因利益衝突，不當影響經理部門做成決定，也避免董事在董事會不知情下，利用擔任董事所獲得之資源，圖謀己利。董事為公司負責人之一，對公司應盡善良管理人之注意義務與忠實義務，應避免與公司發生利益衝突。

司法實務對於「自身利害關係」多採狹義說，即限於「具體、直接之

利害關係」，例如董事與公司進行某項交易，就屬於應經審計委員會決議之事項。2018 年公司法修正時，擴大了自身利害關係之範圍，於第 206 條第三項中明定「董事會決議事項，涉及董事之配偶、二親等內血親，或與董事有控制從屬關係之公司，視為董事就該事項有自身利害關係」。基此，涉及董事配偶的事項（例如董事之配偶與公司交易），亦視為涉及董事自身利害關係之事項，應經審計委員會決議。

至於「與董事有控制從屬關係之公司」包括哪些？舉例來說，A 公司為 B 公司之法人股東，A 公司依公司法第 27 條當選 B 公司之法人董事，今 B 公司分別與 C 公司以及 D 公司進行交易。若依公司法關係企業專章之定義，C 公司為 A 公司之控制公司，而 D 公司為 A 公司之從屬公司，則 C 公司與 D 公司即為與 A 公司有控制從屬關係之公司，則 B 公司與 C 公司以及 D 公司之交易，應送 B 公司審計委員會與董事會決議，不能由經理部門決行。

由於目前無相關法院判決與主管機關函釋，「與董事有控制從屬關係之公司」之適用範圍尚不明確。此一問題涵蓋層面很廣，涉及董事會與經理部門的權限劃分，以及公司風險管理與內部控制制度之建立，審計委員會宜與公司法律部門或外部顧問討論，協助建立公司關係人交易制度與規範。除此之外，具體個案中，獨立董事若對於是否涉及利益衝突事項有疑慮時，應即提出討論。

案例分析 3-1

甲同時擔任A公司與B公司董事，A公司與B公司進行交易。此一交易是否需要先送審計委員會決議，再送董事會決議，或者可直接由經理部門決行？

（答）若甲為兩家公司董事，但對於兩家公司均無控制力，此時，甲雖不符合「與董事有控制從屬關係之公司」之事項，也不符合年報應行記載事項中關係人之定義，但考量董事對於公司負有忠實義務，為免疑

慮，宜將這類事項送交審計委員會決議，以求慎重。

司法判決有認為，兩家進行交易之公司間在利益上屬於對立，若有同時擔任兩家公司之共通董事者，應認為該董事有自身利害關係致有害於公司利益之虞，應說明自身利害關係之重要內容，且不得參與表決。

應注意者，若交易金額較低，或屬於經常性的進、銷貨，或交易標的有公開市價，且按一般商務條款進行，是否仍需經審計委員會決議，請進一步參閱 FAQ 19。

FAQ 19

證券交易法第14條之5第一項第四款規定，「涉及董事自身利害關係之事項」應經審計委員會同意後，提董事會決議。若相關事項所涉及之金額較低，或者屬於交易標的有公開市價，且按一般商務條款進行之交易，是否仍需經審計委員會同意？

答 從證券交易法條文的文義來看，似乎未以交易金額是否重大，或者交易類型作為應否經審計委員會與董事會決議之要件；換言之，若依照嚴格的文義解釋，本條有可能解讀為無論交易金額之大小與交易類型，只要涉及董事自身利害關係之事項，均應先經審計委員會同意。

但若相關事項涉及的金額較低，又或者屬於交易標的有公開市價，且按一般商務條款進行之交易，這類事項造成公司損害的可能性較低，且考量公司營運成本，從立法例上來看，許多國家將重大性納入考量，將不具有重大性的交易與事項，排除在董事自身利害關係的定義之外。

我國證券交易法未明文採取重大性要件，且目前尚無司法判決的情況下，若以重大與否做為相關事項是否應經審計委員會決議之標準，將存有一定的法律風險。審計委員會宜從董事忠實義務、公司營運需求、風險管理，以及內部控制程序等方面，審慎考慮，並且瞭解法規不明確所可能產生之風險，如有疑問，宜徵詢外部專家意見。

FAQ 20

涉及董事自身利害關係之事項須經審計委員會同意，獨立董事於決議時，應注意什麼？

答 根據公司法的規定，董事對於會議之事項，有自身利害關係或視為有自身利害關係時，應於當次董事會說明其自身利害關係之重要內容；或有害公司利益之虞時，不得參與表決。換言之，相關議案無論在審計委員會或董事會審議時，利害關係董事均應遵守說明義務與迴避表決，若有違反，可能影響該決議之效力並負擔法律責任。

董事說明「其自身利害關係之重要內容」時，原則上應包括會影響董事決策時之重要內容，例如利益衝突性質與系爭交易之重要內容，具體個案中應說明的範圍涉及事項之性質以及董事對第三人之保密義務等議題，可能十分複雜，若有任何疑義，董事應徵詢公司法律部門意見，必要時，可徵詢外部顧問意見。

此外，依相關規定，會議資料應於開會 7 天前連同開會通知寄送董事，利益衝突董事應儘早提供相關資訊，以便審計委員會與董事會能在資訊充分的情況下做成決策。

國內外實務分享

我國證券交易法第14條之5第一項規定，公司取得或處分資產、從事衍生性商品交易、資金貸與他人、為他人背書或提供保證之處理程序，其訂定或修正，應經審計委員會同意，並提董事會決議，證券交易法雖未明文規定公司應訂定關係人交易之政策與作業程序，但考量依相關規定，公開發行公司應將取得或處分資產、從事衍生性商品交易、資金貸與他人、為他人背書或提供保證之管理及關係人交易之管理等重大財務業務行為之控制作業，列為每年年度稽核計畫之稽核項目，又內部人隱匿關係人交易往往就是重大舞弊的開

始，並且伴隨著財報不實、掏空等背信情況，國內實務運作中，已有不少公司訂定關係人交易政策與作業程序，以強化公司的內部控制與風險管理。

此外，參考外國立法例與OECD建議，上市公司宜制定與公布關係人交易之政策與作業程序，相關內容宜包括：

- 關係人交易之定義
- 關係人交易之辨識
- 關係人交易決策之流程
- 關係人交易之追蹤考核

A. 關係人之定義

除應根據「公開發行公司取得或處分資產處理準則」以「及證券發行人財務報告編製準則」規定外，還需注意公司法2018年修正後，擴大了董事自身利害關係之範圍，包括「視為董事自身利害關係」之類型。如前所述，由於目前仍欠缺相關判決，其定義範圍仍有不明確之處，審計委員會於審議關係人交易政策與作業程序時，宜考量董事忠實義務、公司營運需求、風險管理，以及內部控制程序，並徵詢公司法務部門以及外部專家之意見。

B. 關係人之辨識

公司法修正後，關係人的範圍擴大，也增加了事前辨識的難度。舉例來說，董事二親等內血親包括哪些人、董事在哪些公司擔任董事，又董事與哪些公司有控制從屬關係等，若非董事提供，公司未必能夠完整掌握。公司治理人員／議事人員除於董事就任時即應請董事詳實填寫關係人資訊外，應定期提醒董事更新相關資訊，並進行核實。關係人資料庫建立後，每次交易即可透過資料庫之檢視，進行是否為關係人交易的初步辨識。另一方面，公司也必須注意交

易相對人之身分，若為境外公司，且設在無實質受益人(beneficial owner)申報制度的國家或地區者，法人資訊較不透明，應特別留心。公司的相關規範宜配合國際上有關法人透明度與實質受益人的立法趨勢，用以強化公司自身關係人交易之管理。

C. 關係人交易決策之流程

有利益衝突之董事，應盡說明義務與表決權迴避，其餘董事亦應關注交易之必要性、條件之合理性等。若有疑問，應提出討論，審計委員會亦可委任外部專家提供意見。

D. 關係人交易之追蹤考核

關係人交易存在利益衝突之本質，故屬高風險的交易類型，因此交易完成後，公司應進行追蹤考核，檢視這類交易是否達到原本預定之目標，並定期向審計委員會報告。

(2) 重大之資產或衍生性商品交易

FAQ 21

審計委員會應如何審議公司重大之資產或衍生性商品交易？

答 審計委員會審議重大資產交易時，應注意下列事項：

- 不動產、設備或其使用權資產金額達實收資本額百分之二十，或新臺幣三億元以上是否取得專業估價者出具之估價報告；倘交易金額達新臺幣十億元以上，是否請二家以上之專業估價者估價。

- 於應取得專業估價報告之情形，管理階層是否妥善評估專業估價者的適任性與獨立性，例如是否受消極資格限制、是否與交易當事人或另一家專業估價者互為關係人或有實質關係人等。

- 有價證券、無形資產或其使用權資產或會員證，是否取得會計師就交易價格之合理性意見書。

- 是否訂定有關交易價格合理判斷依據之相關控制管理作業。

審計委員會審議衍生性金融商品交易時，應注意以下事項：

- 董事會是否依照公開發行公司取得或處分資產處理準則第 21 條之規定，確實監督管理衍生性商品交易。

- 董事會是否授權稽核主管辦理衍生性商品交易之相關管理及監督事宜。

- 是否依照公開發行公司取得或處分資產處理準則第 22 條之規定，建立衍生性商品交易的備查簿，並審閱備查簿。

- 內部稽核人員是否定期瞭解衍生性商品交易內部控制之允當性，並按月稽核交易部門對從事衍生性商品交易處理程序之遵循情形，作成稽核報告。除此之外，是否有內部稽核人員告知審計委員會重大違法之情事。

- 是否有設定損失上限；若交易損失已達上限，資訊是否公開。

- 從事衍生性商品之交易人員是否與確認、交割等作業人員分別由不同人擔任。

- 交易、確認及交割人員，是否與風險衡量、監督與控制人員分屬不同部門。

(3) 重大之資金貸與、背書或提供保證

FAQ 22

審計委員會如何監督公司重大之資金貸與、背書或提供保證？

答 審計委員會應注意下列事項：

■ 公司是否依個別性質（業務往來、短期融通資金之資金貸與情形），訂定得貸與資金總額及個別對象限額。

■ 公司是否建立得背書保證之總額及對單一企業背書保證之金額，及公司與其子公司整體可背書保證之總額及對單一企業背書保證之金額。

■ 公司是否建立備查簿，並審閱備查簿。

■ 內部稽核人員是否至少每季稽核資金貸與他人作業程序、背書保證作業程序及其執行情形，並作成書面紀錄。除此之外，如內部稽核人員發現重大違規情事，是否立即以書面通知審計委員會。

■ 公司因情事變更，致貸與對象或背書保證對象不符準則規定或餘額超限時，是否訂定改善計畫，並將相關改善計畫送審計委員會，審計委員會得監督管理階層是否依計畫時程完成改善。

■ 向經濟部申請登記之公司印章為背書保證之專用印鑑章，該印鑑章是否由經董事會同意之專責人員保管，並依所訂定之程序，始得鈐印或簽發票據。

(4) 募集、發行或私募具有股權性質之有價證券

FAQ 23

審計委員會如何監督公司募集、發行或私募具有股權性質之有價證券？

答 審計委員會審議相關議案時，應注意下列事項：

■ 公司是否有依法不得發行有價證券，但仍發行之情況。

■ 公司於發行及募集有價證券時，是否依照相關法令編製公開說明書。

■ 公司實施私募是否符合法令規定。

■ 公司實施私募的價格訂定之依據及合理性、特定人選擇方式以及辦理私募之必要理由。

案例分析 3-2

A公司擬私募增資發行新股，董事長甲為利用私募低於市價的發行價格取得公司股份，遂以人頭設立境外公司認購公司私募股份。三年之內，A公司進行六次私募，其中五次均係甲利用人頭參與私募，並包裝成策略性投資人，每次私募案均獲得審計委員會無異議通過。後來東窗事發，何人應該負責？

答 甲董事長利用人頭與公司進行交易，隱匿利益衝突、圖謀己利是典型的違反忠實義務之行為。甲可能構成背信、違反忠實義務的刑事及民事責任。

其餘董事對於公司關係人交易管理之內部控制制度之建立與有效運作亦負有監督之責。有研究顯示，私募為常見的關係人交易類型，審計委員會於決議時，宜特別留心，除關注私募應募人之身分外，還需要注意私募之必要性、價格之合理性，以及應募人之資格條件是否能達到私募之目的，避免有心人利用私募，達到關係人交易圖謀己利之目的。

此外，若私募之應募對象為法人或境外公司，審計委員會也應注意，管理階層是否對該應募人進行完整的實地查核，又若應募人設立在無實質受益人申報制度的國家或地區，管理階層如何進行身分查核或相關資料之核實？

本案例中，A 公司於三年內進行了六次私募，審計委員會也宜要求管理階層對於私募案件的成效進行分析報告，透過追蹤考核降低有心人士利用私募進行關係人交易之目的。

3.6 績效評估與改善措施

■ 上市上櫃公司應至少每年執行一次董事會績效（包括整體董事會、個別董事成員、功能性委員會）之內部評估，至少每三年委託外部專業獨立機構或專家學者團隊執行一次外部績效評估。

■ 審計委員會評估之執行單位，應具備公平、客觀且由與審計委員會之運作無直接利害關係之人或單位為之。如公司設有公司治理委員會或提名委員會者，宜由該等委員會為評估之執行單位。

■ 績效評估結果應作為遴選或提名董事，以及決定薪資報酬之參考。

■ 上市上櫃公司應於年報中揭露每年董事會績效評估之執行情形，內容至少包括評估週期、評估期間、評估範圍、評估方式及評估內容。

以下分為績效評估之規劃與執行、內部評估與外部評估，以及考核項目之擬訂三的部分說明。

(1) 績效評估之規劃與執行

FAQ 24

如何強化審計委員會績效評估之功能？

答 有效的績效評估有賴事前完整的規劃與確實執行。公司董事會應訂定績效評估辦法，明定績效評估的執行單位、內部評估與外部評估頻率、考核項目之擬定、評估結果之討論與精進計畫之擬定，以及相關資訊揭露等事項。

擬定審計委員會績效評估之考核項目前，協助評估單位（例如「〇〇股份有限公司董事會自我評鑑或同儕評鑑參考範例」建議的薪酬委員會，或者董事會指定提名/公司治理委員會，或者其他單位）宜與審計委員會召集人與成員充分溝通，並參考國內外運作實務後定之。

針對績效評估結果，審計委員會應進行討論，並提出改善計畫送董事會討論並決議之。

(2) 內部評估與外部評估

國內外實務分享

董事會績效評估分為內部評估與外部評估。內部評估之目的是在瞭解董事會與各功能性委員會是否達成設定的目標，並找出精進的機會。外部評估的目的，是透過客觀第三方評估，瞭解公司與其他公司的差異，外部評估有其客觀性，同時可以帶進外部觀點與其他同業先進做法。每三年進行一次外部評估有其必要性。

妥適安排內部評估與外部評估，可藉此達到提升董事會運作效能之目的。

(3) 考核項目之擬定

國內外實務分享

- 績效評估之考核項目，應配合公司階段性的董事會定位及公司營運需求，並結合組織規程所訂職責以及委員會年度工作重點與計畫擬定之。

■ 新任獨立董事就任說明時，公司治理主管／議事人員應提供過去年度審計委員會績效評估之考核項目與評估結果，以便新成員瞭解委員會的運作情況。

FAQ 25

審計委員會績效評估之衡量項目，應考慮哪些面向？

答 就國內運作實務來說，審計委員會的評估項目包括下列五大面向：

■ 對公司營運之參與程度。

■ 功能性委員會職責認知。

■ 提升功能性委員會決策品質。

■ 功能性委員會組成及成員選任。

■ 內部控制與風險管理。

以國外運作實務來說，審計委員會成員與審計委員會整體的績效評估項目，包括以下：

■ 對於審計委員會成員

● 是否具備委員會所需之專業知識。

● 是否具有客觀性與獨立性。

● 是否充分瞭解委員會之權責。

● 是否投入足夠時間參與委員會。

● 是否出席相關會議，並積極參與討論。

■ 對於審計委員會整體

● 是否依法並且根據委員會之組織規程，執行各項職務。

- 是否根據公司的情況與需要，規劃年度工作重點。

- 委員會之運作是否發揮其效能。

- 是否與董事會、其他功能性委員會，以及管理階層有良好的溝通與互動。

- 是否取得執行職務所需的各項資源，例如資訊、人力，以及聘任外部專家之經費等。

FAQ 26

擬定考核項目自評問卷時，應注意些什麼？

答 審計委員會自評問卷項目應與董事會對審計委員會之期待，以及委員會自身所設定之目標密切相關。

舉例來說，某些公司的審計委員會認為要持續地瞭解公司與產業才能更好地執行職務，經與管理階層溝通，確認公司專責單位（例如公司治理主管／議事人員）應定期（例如每個月一次）或不定期（例如有重大事項時），就公司策略與產業變化、重大營業事項等事項，向審計委員會成員寄送相關資料（請參見**本章 3.4 與管理階層之互動 [國內外實務分享]**）；又例如審計委員會認為，管理階層就重大議案應提出清楚的提案說明（例如包括提案重點與理由，管理階層建議方案、理由、對公司之影響，以及替代方案分析等，請參見**本章 FAQ 2 [國外實務分享]**），如果審計委員會認為以上皆有助於審計委員會效能之達成，即可列為績效評估的考核項目。

擬定考核項目問卷時，可參考國內外實務運作情況。請參見 **[附件 3-3 審計委員會績效評估自評問卷範例]**。

3.7 審計委員會運作情形之資訊揭露以及與股東 （機構投資人）之溝通

■ 審計委員會運作情形應發布重大訊息公告的情況如下：

● 委員會成員就會議之議決事項表示反對或保留意見，且有紀錄或書面聲明者。

● 董事會之議決事項，未經審計委員會通過，而經全體董事三分之二以上同意通過者。

■ 審計委員會運作情形應於年報中記載，包括以下項目：

● 開會次數、每位獨立董事出（列）席率、實際出席次數、委託出席次數。

● 審計委員會之運作如有下列情形之一者，應敘明董事會日期、期別、議案內容、審計委員會決議結果以及公司對審計委員會意見之處理：

★ 證券交易法第14條之5所列事項。

★ 未經審計委員會通過，而經董事會全體董事三分之二以上同意之議決事項。

● 獨立董事對利害關係議案迴避之執行情形，應敘明獨立董事姓名、議案內容、應利益迴避原因以及參與表決情形。

● 獨立董事與內部稽核主管及會計師之溝通情形（應包括就公司財務、業務狀況進行溝通之重大事項、方式及結果等）。

■ 董事會召集之股東會，審計委員會召集人宜親自出席，並將出席情形記載於股東會議事錄。

3.7.1 審計委員會運作情形之資訊揭露

國內實務分享

依相關規定,公開發行公司應於年報中記載審計委員會之運作情況,例如委員會審議證券交易法第14條之5所列事項(應包括議案內容、審計委員會決議結果以及公司對審計委員會意見之處理),以及獨立董事與內部稽核主管及會計師之溝通情況(應包括就公司財務、業務狀況進行溝通之重大事項、方式及結果等)。

絕大部分的公司於年報中僅說明相關議案之名稱,或者審計委員會與內部稽核主管及會計師溝通事項之名稱,投資人不太容易從相關資訊瞭解審計委員會就重大議案進行那些討論與決策之考量因素為何。

例如,大部分公司年報有關審計委員會審議證券交易法第14條之5所列事項之揭露方式與內容,如下例所示:

開會日期 (期別)	議案內容	所有獨立董事意見及公司 對獨立董事意見之處理
○年○月○日 (民國○年第 ○次常會)	■ 核准民國○年度財務報表 ■ 核准民國○年度「內部控制制度聲明書」 ■ 核准修訂本公司「取得或處分資產處理程序」	所有獨立董事核准通過

大部分公司年報有關獨立董事與內部稽核主管及簽證會計師溝通事項之揭露方式與內容,如下例所示:

開會日期 （期別）	與內部稽核主管溝通事項	與簽證會計師溝通事項
○月○日 （民國○年第 ○次常會）	■ 審閱內部稽核報告（閉門會議） ■ 審核民國○年度「內部控制制度聲明書」	■ 討論民國○年度財務報表查核情況，包括任何查核的問題或困難 以及經營階層的回應（閉門會議） ■ 審閱簽證會計師資歷、績效及獨立性

結果：上述事項皆經審計委員會審閱或核准通過，獨立董事並無反對意見。

國外實務分享

國外上市公司年報中，有關審計委員會運作情況之揭露較為詳盡。年報中會記載審計委員會就哪些重大議題進行討論，討論的內容、評估所考量的因素，以及做成結論的原因。這些資訊，較能幫助投資人瞭解審計委員會實際運作情況。

國外案例，請見[附件3-4 審計委員會運作情形之資訊揭露範例]。

3.7.2 審計委員會與股東（機構投資人）之溝通

國內實務分享

公司舉辦的法說會是直接面對機構投資人的重要管道。金融監督管理委員會發布的公司治理3.0—永續發展藍圖，更進一步鼓勵上市上櫃公司舉辦一般投資人亦得參與之說明會，或多元化其召開方式，以擴大投資人參與。

有些公司於網站上提供審計委員會信箱，用以建立員工、股東及利害關係人與審計委員會之溝通管道，也是可以參考的做法。

案例分析 3-3

以下是台積電 2019 年年報中所揭露與股東／投資人溝通之方式與內容：

	溝通方式	溝通內容
股東／投資人	■ 股東大會／每年 ■ 法人說明會／每季 ■ 海內外投資機構研討會／不定期 ■ 面對面及電話溝通會議／不定期 ■ 電子郵件／不定期 ■ 公司年報、企業社會責任報告書、美國證期局 20-F 報告書發行／每年 ■ 公開資訊觀測站發布重大訊息／不定期	■ 108 年：307 家投資機構溝通家數、322 場次交流會議 ■ 關注議題 　● 財務績效 　● 創新管理 　● 風險管理 　● 氣候變遷 ■ 關注內容 　● 國際政經情勢對經營環境的影響及對策 　● 競爭環境的變化 　● 未來成長潛力與獲利能力 　● 股利政策 　● 因應氣候變遷措施與能源政策

溝通方式	溝通內容
股東／投資人	■ 台積公司回應 ● 持續於每季法人說明會及 322 場投資人會議中向投資人溝通市場發展趨勢、成長策略與獲利能力，並針對經營環境的變化提出看法 ● 在良好營運績效及未來成長潛力的支持下，連續 11 年提供投資人正投資報酬 ● 台積公司民國 108 年開始每季發放現金股利；普通股之股東總計每股獲得 10 元現金股利，較民國 107 年增加 25% ● 擴大使用再生能源，以 TCFD 框架鑑別氣候風險與機會，首次提出「製程生產能源效率提升計畫」，執行業界第一個「新世代機台節能行動專案」

國內外實務分享

國際間對於機構投資人依盡職治理守則(Stewardship Principles for Institutional Investors)進行投資標的的篩選以及強化與被投資公司溝通的要求日益增強，機構投資人除關注投資回報外，對於被投資公司的環境、社會與治理議題（Environment, Social, Corporate Governance，簡稱ESG）也越來越關心。最新的趨勢是，機構投資人開始針對公司治理議題與公司進行互動(engagement)，並且相較於過去與經理人溝通，現在更期待與董事直接溝通。為回應機構投資人，有些公司不僅舉辦ESG Roadshows，也開始進行Governance Roadshows，並且指派董事負責主持相關事宜。

根據國外研究機構資料顯示，機構投資人關注以下治理方面的議題：

■ 董事會成員的組成與專業。

■ 董事會的多元化。

■ 董事會成員的年齡與任期長短。

■ 董事薪酬。

■ 透明度與資訊揭露。

就國內情況而言，機構投資人從過去只關心獲利等業務問題，產業界近年來發現，外資投資人關注的議題開始轉變為ESG、員工照顧、獨董如何產生及考核等，並由盡職治理團隊與公司洽談，外資投資界已產生變化。考量我國證券市場外資投資比重逐步攀升，為強化機構投資人之股東行動，金融監督管理委員會發布公司治理3.0—永續發展藍圖，將增訂相關盡職治理守則、鼓勵揭露盡職治理資訊，並設立盡職治理相關評比機制。截至2020年為止，我國已有151家機構投資人簽署盡職治理守則，並將持續推動機構投資人之盡職治理。

3.8 重要法規、守則與參考範例

本章除參考國內外相關機構之專業出版品外，亦參考我國相關法令、守則及範例。相關法令、守則茲整理如下，讀者請注意法規之更新。

1.	證券交易法
2.	公開發行公司董事會議事辦法
3.	公開發行公司審計委員會行使職權辦法
4.	公開發行公司年報應行記載事項準則
5.	公開發行公司取得或處分資產處理準則
6.	公開發行公司資金貸與及背書保證處理準則
7.	發行人募集與發行有價證券處理準則
8.	公開發行公司辦理私募有價證券應注意事項
9.	上市上櫃公司治理實務守則
10.	○○股份有限公司審計委會組織規程參考範例
11.	○○股份有限公司處理董事要求之標準作業程序參考範例
12.	○○股份有限公司董事會自我評鑑或同儕評鑑參考範例
13.	公開發行公司取得或處分資產處理準則問答集
14.	公開發行公司資金貸與及背書保證處理準問答集
15.	有價證券私募疑義問答

附件 3-1 審計委員會核心職能應遵循之參考原則

審計委員會執行核心職權事項，應遵循以下原則：

(1) 財務報告之監督

A. 辨識公司目前最大的財務風險，以及檢視公司如何控制相關風險。

B. 瞭解會計與審計原則相關規範之重大變動，以及相關變動對於公司財務報告之影響。

C. 審查公司（即個體層級）及其所屬集團（即合併層級）使用的會計準則的相關性和一致性，監督公司管理階層提供的財務資訊是否允當表達。

D. 審查管理階層所提供的相關財務記錄是否適當地保存，以及財務報告是否真實且公正地反映公司的營運和財務狀況。

E. 審慎選任專業、負責且具獨立性之簽證會計師，定期對公司之財務狀況及內部控制實施查核，並至少每年一次在管理階層不在場的情況下，與簽證會計師進行溝通。

F. 每年均應評估簽證會計師之獨立性及適任性。公司連續7年未更換簽證會計師或其受有處分或有損及獨立性之情事者，應評估有無更換簽證會計師之必要，並就評估結果提報董事會。

G. 對於簽證會計師於查核過程中發現及揭露之異常或缺失事項，以及所提具體改善或防弊意見，應督促管理階層檢討改進，並定期追蹤考核。

(2) 內部控制（含法令遵循）與風險管理之監督

A. 訂定公司內部控制制度，至少每年檢討並向董事會提出修正建議，確保該制度之設計及執行持續有效。

B. 定期審核公司之風險管理概況，以識別重大風險事項。

C. 每年檢視內部稽核單位與人員是否有充分權限與資源，促其確實檢查、評估內部控制制度之缺失及衡量營運效率，以確保該制度得以持續有效實施。

D. 每年檢討各部門自行評估結果及按季檢核稽核單位之稽核報告，並定期與內部稽核人員座談，作成紀錄，追蹤及落實改善，並提報董事會報告。

E. 每年審核風險管理和內部控制的有效性，包括檢視管理階層和內部稽核所提供之相關報告。

F. 審查年報中有關風險管理和內部控制系統有效性之有關揭露是否完整。

G. 訂定公司舉報相關辦法與程序，並應每年檢討。

附件 3-2 審計委員會年度會議計劃範例

項目	法令要求	實務建議	每年至少一次	每季	必要時	第一季	第二季	第三季	第四季
報告事項									
(1) 檢視上次會議之會議紀錄及決議執行情形報告		V		V					
(2) 重要財務、業務、產業變化報告		V		V					
(3) 重要法令更新與法令遵循報告		V		V					
(4) 內部稽核業務報告		V		V					
討論事項									
(1) 檢視與審核訂定或修訂之內部控制制度	V		V						
(2) 檢視與審核訂定或修正取得或處分資產、從事衍生性商品交易、資金貸與他人、為他人背書或提供保證之重大財務業務行為之處理程序	V		V						
(3) 審核涉及董事自身利害關係之事項	V				V				

項目	法令要求	實務建議	每年至少一次	每季	必要時	第一季	第二季	第三季	第四季
(4) 審核重大之資產或衍生性商品交易	V				V				
(5) 審核重大之資金貸與、背書或提供保證	V				V				
(6) 審核併購相關事項	V				V				
(7) 審核財務、會計或內部稽核主管之任免	V				V				
(8) 檢視與審核關係人交易事項及移轉訂價政策	V	V							
(9) 檢視與審核會計原則或會計估計方法之變更	V	V							
(10) 審核簽證會計師之獨立性、適任性、選解任及報酬	V	V							V
(11) 與會計師討論年度關鍵查核事項 (Key Audit Matters)	V	V							V
(12) 審核年度財務報告及須經會計師查核簽證之第二季財務報告	V						V	V	

項目	法令要求	實務建議	每年至少一次	每季	必要時	第一季	第二季	第三季	第四季
(13) 審核其他季度之季財務報告		V				V	V		
(14) 審核營業報告書、盈餘分配（或虧損撥補）表	V		V			V			
(15) 審核稽核部門之年度稽核計劃	V		V						V
(16) 公司營運風險之管控—內控制度有效性之檢視 　A. 公司現行內部控制制度之有效性 　B. 內部控制制度之有效性 　C. 董事會授權（即重要職務權限表） 　D. 內部控制制度之設計	V		V						V
(17) 審核內部控制制度聲明書（內部控制自評過程、結果及聲明內容適當性之審核）	V	V	V			V			
(18) 瞭解並檢視員工及其他利害關係人重要申訴案件及其處理情形		V	V						

項目	法令要求	實務建議	每年至少一次	每季	必要時	第一季	第二季	第三季	第四季
(19) 檢討審計委員會組織規程及年度會議計畫相關事項		V	V						
(20) 審計委員會績效之評估及檢討		V	V						
(21) 法說會報告資料之檢視		V					V		V
(22) 其他法規或主管機關要求或董事會委託事項	V				V				

附件 3-3 審計委員會績效評估自評問卷範例

說明：

　　擬定績效評估自評問卷時，除考量公司情況外，可以參考國內外運作實務[1]。

　　以下範例為題庫，公司可依照每年度之情況與需求，選擇適當的題目及題數進行績效評估。

○○股份有限公司○○年審計委員會績效考核自評問卷		
考核項目	考核結果 數字1：極差 數字5：極優	備註
A. 委員會之成員		
1. 委員會整體具有監督財務報告允當表達之專長與經驗。	1 2 3 4 5	
2. 委員會整體具有監督公司內部控制制度建立與有效性之專長與經驗。	1 2 3 4 5	
3. 委員會整體具有監督公司風險管理與法令遵循制度的建立與有效性之專長與經驗。	1 2 3 4 5	
4. 成員於開會前充分準備，並於會議中表達意見（成員互評適用）。	1 2 3 4 5	

1　臺灣證券交易所及櫃買中心發布之○○股份有限公司董事會自我評鑑或同儕評鑑參考範例。Deloitte, Audit Committee Resource Guide, 2018.; PWC, Audit Committee Guide, 2018.; KPMG, Audit Committee Handbook, 2017.

5. 成員客觀獨立行使職權，能不受其他人不當之影響（成員互評適用）。	1 2 3 4 5
6. 成員對於審計委員會之職能有充分之認知（成員互評適用）。	1 2 3 4 5
7. 委員會之運作沒有過度依賴特定成員之情況，各成員均有所貢獻（成員互評適用）。	1 2 3 4 5
8. 公司對於成員之進修提供充分支援	1 2 3 4 5
9. 新任董事之就任說明充分地提供有關公司與產業的重要資訊。	1 2 3 4 5

B. 委員會之運作

10. 委員會定期檢視組織規程，並於必要時提出修正建議。	1 2 3 4 5
11. 議案之擬定與安排妥適。	1 2 3 4 5
12. 針對重大議案有充分的討論時間。	1 2 3 4 5
13. 委員會依照公司需要擬定年度工作計畫與開會時程，並依照計畫實施。	1 2 3 4 5
14. 公司提供審計委員會運作的充分資源，必要時，委員會可聘請外部專家協助執行職務。	1 2 3 4 5
15. 議案與會議資料依組織規程所定時間寄送成員，若有遲延，公司治理主管／議事人員，或相關人員於會前會主動說明遲延緣由以及議案之重要內容。	1 2 3 4 5
16. 重大議案之提案說明內容清楚，提供決議所需的關鍵資訊。	1 2 3 4 5
17. 會議資料充分且適當，不會過於簡略或冗長。	1 2 3 4 5

18. 成員若認為會議資料有所不足請求補充，亦能獲得即時的回應。 　1 2 3 4 5

19. 會議記錄完整載明會議討論之核心重點、委員會決議之事項，以及後續程序與時程安排，並能準時發送成員。 　1 2 3 4 5

20. 管理階層定期或不定期提供與公司及產業有關的重大資訊予委員會成員。 　1 2 3 4 5

21. 公司治理主管／議事人員有充分資源協助審計委員會之運作。 　1 2 3 4 5

22. 成員可利用正式與非正式管道有效地與管理階層溝通交流。 　1 2 3 4 5

C. 對內部控制制度之監督

23. 審計委員會瞭解公司管理階層的企業倫理價值觀，並瞭解管理階層的企業倫理價值觀對於企業文化的影響。 　1 2 3 4 5

24. 審計委員會瞭解管理階層如何設計內部控制制度、如何執行內部控制，與公司的資源如何分配在內部控制制度。 　1 2 3 4 5

25. 審計委員會檢視公司內部控制制度是否配合公司現況、產業之變動，而修訂或調整。 　1 2 3 4 5

26. 審計委員會瞭解公司內部控制制度分別在營運的八大循環中，控制哪些風險事項、採取哪些控制活動、由誰監督。 　1 2 3 4 5

27. 審計委員會可經由內部控制的執行人員與內部稽核人員取得足夠而適量的內部控制資訊。 　1 2 3 4 5

28. 審計委員會定期與執行內部控制的管理階層會面、溝通，討論內部控制執行情形，以瞭解是否發現顯著缺失及如何改善。 　1 2 3 4 5

29. 審計委員會定期與監督內部控制的稽核人員會面、溝通，討論內部稽核的結果，並瞭解後續改善情形。	1 2 3 4 5
30. 審計委員會採取適當措施，促使管理階層即時且適當地回應內部稽核的建議。	1 2 3 4 5
31. 審計委員會瞭解並核准管理階層用於識別和揭露關係人交易之程序。	1 2 3 4 5
32. 審計委員會在內部稽核主管之任免決定上，發揮適當的角色。	1 2 3 4 5
33. 審計委員會就內部稽核主管之適任性，進行審慎之評估。	1 2 3 4 5
34. 審計委員會參與決定內部稽核主管之報酬與績效評估。	1 2 3 4 5
35. 審計委員會採取適當措施，強化內部稽核的獨立性。	1 2 3 4 5
36. 審計委員會就內部稽核之工作計劃進行適當地溝通討論，促使稽核計畫聚焦於公司重大風險和控制措施。	1 2 3 4 5
37. 審計委員會定期評估內部稽核之效能（包括組織規程、稽核計劃、預算、法律遵循以及人員數量、素質與其他必要資源）。	1 2 3 4 5

D. 財務報告之審議與監督

38. 審計委員會在財會主管之任免與報酬之決定上，發揮適當的角色。	1 2 3 4 5
39. 審計委員會就財會主管之適任性，進行審慎之評估。	1 2 3 4 5
40. 審計委員會採取適當措施，促進財會部門有足夠之能力及資源編製財務報告。	1 2 3 4 5

41. 審計委員會在簽證會計師之選、解任與報酬之決定上，發揮適當的角色。	1 2 3 4 5
42. 審計委員會就簽證會計師之獨立性與適任性，進行審慎之評估。	1 2 3 4 5
43. 審計委員會採取適當措施，以確保簽證會計師可利用正式與非正式管道直接與審計委員會或其成員溝通。	1 2 3 4 5
44. 審計委員會採取適當措施，維護簽證會計師的獨立性和客觀性不受影響（例如審計委員會對於會計事務所提供非審計服務進行審核）。	1 2 3 4 5
45. 審計委員會與簽證會計師溝通關鍵查核事項，並詢問關鍵查核事項做成之基礎。	1 2 3 4 5
46. 審計委員會與簽證會計師溝通查核工作計畫，以確保查核工作計畫聚焦在公司主要風險。	1 2 3 4 5
47. 審計委員會與簽證會計師溝通於查核過程中發現的重大問題、重大會計判斷，以及查核過程中發現的錯誤。	1 2 3 4 5
48. 審計委員會充分瞭解管理階層與簽證會計師對財務報告相關事項歧見之原因，並且採取適當措施。	1 2 3 4 5

E. 對法令遵循與風險管理之監督

49. 審計委員會瞭解管理階層如何辨識風險、評估風險與如何擬定風險回應，並確認風險管理程序有效運作。	1 2 3 4 5
50. 審計委員會瞭解公司最大潛在風險何在，並能與管理階層討論出回應風險的方式。	1 2 3 4 5
51. 審計委員會瞭解在其職權範圍內公司每種重要風險類別的風險偏好，並據此監督管理階層的風險回應方式。	1 2 3 4 5

52. 審計委員會採取適當措施,確認管理階層已辨識出公司之重大風險,並確保該風險已經向董事會溝通、報告。	1 2 3 4 5
53. 審計委員會採取適當措施,監督公司風險管理程序持續運作,而非偶一為之。	1 2 3 4 5
54. 審計委員會對風險管理主管之適任性,進行審慎之評估。	1 2 3 4 5
55. 審計委員會採取適當措施,確保風險管理部門有充足之資源執行職務。	1 2 3 4 5
56. 審計委員會瞭解內部稽核在風險管理中的角色及稽核計畫涵蓋主要風險的程度。	1 2 3 4 5
57. 審計委員會能辨認出公司營運中出現的異常事項,瞭解異常事項對公司的影響。	1 2 3 4 5
58. 審計委員會能辨認出管理階層對於同類型交易事項是否採取一致的處理方式。	1 2 3 4 5
59. 審計委員會定期檢視與監督公司風險之變化,並定期與風險管理人員會面、溝通,共同討論辨認出的企業風險、評估其影響,與後續的風險回應情形。	1 2 3 4 5
60. 審計委員會定期檢視外在整體經濟環境,辨認風險以評估其對公司中長期營運及策略之影響。	1 2 3 4 5
61. 審計委員會提醒管理階層,促使公司人員遵守法令、專業原則與標準、產業規範。	1 2 3 4 5

其他意見或綜合評語

審計委員會委員(請簽名並註明填表日期)

附件 3-4 審計委員會運作情形之資訊揭露範例

[案例 1] 英國滙豐控股有限公司 (HSBC Holdings plc)

　　滙豐控股有限公司2019年年報（中文版）中，詳細記載審計委員會2018年[主要工作及審議的重大事項]，相關事項也記載於[獨立核數師致滙豐控股有限公司股東之報告]中[與集團監察委員會討論的事宜]部分。透過這兩部分的報告，投資人可以清楚了解滙豐控股之審計委員會於2018年主要工作與審計的重大事項有哪些項目。

　　以下節錄滙豐控股透過香港上海滙豐銀行持有的交通銀行之減損測試為例說明。

滙豐控股有限公司2019年年報

■　審計委員會報告2018年之主要工作及審議的重大事項（節錄版）

　●　交通銀行股份有限公司（「交通銀行」）

　　　集團監察委員會省覽交通銀行估值所用假設的定期更新資料，監察宏觀經濟及交通銀行專屬的減值指標，以及審視管理層進行減值評估的結果。當中大部分工作與香港上海滙豐銀行的監察委員會共同進行。

2018年審議的重大會計判斷包括（節錄版）：

主要範疇	採取之行動
交通銀行股份有限公司（「交通銀行」）之減值測試	年內，集團監察委員會審議了滙豐於交通銀行的投資之定期減值檢討。集團監察委員會的檢討事項包括減值檢討結果對預計日後現金流的估算及假設和監管資本假設的敏感度及模型對長期假設（包括折現率的持續合適性）的敏感度。

■ 獨立核數師致滙豐控股有限公司股東之報告

於聯營公司交通銀行股份有限公司（「交通銀行」）的投資
與集團監察委員會的討論

交通銀行的市值於連續八個年末持續低於賬面值。於 12 月 31 日，按股價計算，其市值較賬面值低 68 億美元。

這被視為潛在減值的一項指標。滙豐已採用使用價值模型進行減值測試，並根據將繼續持有而非出售投資的假設估算其價值。使用價值僅超過賬面值 3 億美元。按此基準，是項投資並無錄得任何減值，而應佔交通銀行的利潤已於綜合收益表確認。

使用價值模型取決於多項假設，包括本質上屬長期及短期者。該等假設涵蓋管理層估計、分析員預測及市場數據，涉及大量判斷。鑑於賬面值與使用價值相若，對部分假設作出輕微變動亦會導致減值。我們與集團監察委員會討論該等假設是否合適，尤其是與短期現金流有關的最大敏感度及交通銀行規定的最低資本水平。本次討論的重點為是否已全面反映中美貿易局勢緊張的影響及中國銀行市場的前景。我們亦與集團監察委員會檢討長期利潤增長率及貸款減值率，並考慮合理可行的替代方法。在討論時，我們特別考慮所用假設是否能夠單獨反映當前的不明朗因素，及於退後一步時共同考慮模型的結果。

支持討論及結論所進行的程序

- 對模型是否合適的結論進行審視，包括管理層專家的評估。
- 借助本所估值專家的協助，單獨地計算模型中所使用折現率的合理範圍。
- 參考外部市場資料、第三方來源（包括分析師報告）及過往公開的交通銀行資料，對釐定模型中的假設所使用的輸入數據提出質疑及獲得確證資料。
- 對模型的現有監控及其運算準確性進行測試。
- 我們曾列席旁聽管理層與交通銀行高級行政管理層於 2018 年 11 月特別為識別影響管理層假設的事實或狀況而召開的會議。
- 審閱《2018 年報及賬目》中有關交通銀行的披露資料。
- 取得滙豐的聲明，表示所採用的假設與他們作為股東目前獲得的資料一致，亦與滙豐通過參與交通銀行董事會目前有權獲得的料一致。

於《2018 年報及賬目》內的相關提述

第 160 頁集團監察委員會報告。
第 226 頁附註 1.1(f)：關鍵會計估算及判斷。
第 265 頁附註 18：於聯營及合資公司之權益。

[案例 2] 殼牌公司 (Royal Dutch Shell plc)

　　英國殼牌公司(Royal Dutch Shell plc)於2018年年報中詳細記載審計委員會[本年度工作項目]與[重要議題]。相較於我國上市上櫃公司於年報就審計委員會的工作項目，多半只會列出證券交易法第14條之5共十項的審議事項，且極少揭露審計委員會審議之重要議題內容，殼牌公司的揭露方式，可以讓投資人更清楚完整地瞭解審計委員會的運作情況。

■ 英國殼牌公司審計委員會2017年工作項目（節錄版）

工作項目	頻率
財務報告	
檢視公司的會計政策和慣例，包括對會計和報告編製標準的遵法情況。	每季
檢視重大判斷的適當性以及會計準則的解釋和應用。	每季
考量年度財務報告的允當性，並建議董事會是否應將經會計師查核的財務報告納入年報中。	每年
考量第二季財務報告和季報的允當性。	每季
審查公司盈餘發佈政策、財務業績資訊和盈餘指引、油氣儲量會計和報導，以及重大財務報導議題。	每季
檢視與財務報告有關的內部控制。	定期
就年報是否允當表達、平衡和可理解，並為股東提供評估公司狀況和表現、業務模式與策略之必要資訊，對董事會提出建議。	每年
評估管理階層對重大審計發現和建議的回應。	定期
風險管理與內部控制	
監督公司風險管理和內部控制制度的有效性。	定期
聽取有關法規發展的簡報。	定期
與內部稽核主管、管理階層和安永會計師事務所 (EY) 討論內部稽核產生的重大事項。	每季
評估內部稽核的品質、效率和有效性，包括能力、資格、專業知識、薪酬和預算。	每年

工作項目	頻率
審核並同意內部稽核的職責、作業辦法和稽核計劃。	每年
評估內部稽核主管的績效表現。	每年
討論並審查財務人員的繼任計劃。	每年
審核公司重大業務和投資案，以防免潛在的利益衝突或關係人交易。	每年
評估財務長的績效表現。	每年
審查公司的資安風險管理。	定期
簽證會計師	
審核安永 (EY) 之獨立性。	每年
審核並同意安永 (EY) 對公司合併報表與母公司財務報告進行查核的聘任。	每年
通過審計和非審計服務的費用。	每季
檢視簽證會計師的查核計劃、執行與結果。	定期
檢視安永 (EY) 的適任性、專業知識、資源以及獨立性和客觀性。	每年
評估安永 (EY) 的工作表現和有效性、審計流程、審計品質，對主要會計判斷的處理以及對審計委員會問題的回覆。	定期
向董事會建議續聘安永 (EY)，並提交股東會同意。	每年
法令遵循	
監督公司舉報系統收到的舉報與後續處理。	定期
與法遵長一同審查法遵計劃之實施與有效性。	每年

工作項目	頻率
討論公司是否符合相關法令規定。	定期
評估審計委員會之績效以及運作有效性。	每年
檢視並更新審計委員會之組織規程。	定期

■ 英國殼牌公司審計委員會2017年處理之重要議題（節錄版）

重要議題	問題	審計委員會如何處理
處分資產 請參閱合併財務報告註釋5和8	公司於2019年完成了幾次重大處分。在處分資產之前，需要判斷是否很有可能出售。若是，則應將該資產分類為待出售資產，這會引發減損測試。在考慮出售時，例如在估算殼牌公司保留的任何負債金額時，也可能需要進行判斷。	審計委員會考量分類為待出售資產以及其後續資產處置的會計處理，包括出售位於丹麥和美國墨西哥灣的上游資產，以及美國和沙特阿拉伯的下游資產。尤其注意對資產減損指標的評估，以及保留負債的會計處理，用以評估因此產生之相關稅費。
減損 請參閱合併財務報告註釋2和8	當有跡象顯示資產帳面價值可能發生變化時，應對資產的帳面價值進行減損測試。（除短期的業績下降或分類為待出售資產外）	審計委員會質疑是否有減損的跡象或先前記錄的減損已轉回，並仔細考慮了已進行的減值評估。為此，審計委員會根據市場發展，審視了油氣價格和煉油利潤前景，還考慮了某些價格敏感性因素的潛在影響以及適用的相關折現率。審計委員會並審視了減損評估的其他重要因素，包括已探明的油氣儲量，以及因氣候變化和能源轉型所產生的潛在影響。

第四章 內部控制與風險管理

4.0	重點摘要	135
4.1	內部控制	135
	4.1.1　定義與目的	135
	4.1.2　內部控制的組成要素	136
	4.1.3　有效設計與執行的要件	138
4.2	風險管理	140
	4.2.1　定義	140
	4.2.2　有效的風險管理	141
	4.2.3　審計委員會之監督	142
4.3	異常交易之防免	146
	4.3.1　定義	146
	4.3.2　異常交易之風險管理	146
4.4	內部控制缺失	147
	4.4.1　定義	147
	4.4.2　類別	148
	4.4.3　審計委員會的監督	148
4.5	重大性判斷	149
4.6	舞弊與不法行為	150
	4.6.1　定義	150
	4.6.2　分類與成因	152
	4.6.3　舞弊風險管理	153

4.6.4　檢舉制度　　　　　　　　　　　　　　　154

4.7　重要法規、守則與參考範例　　　　　　　　156

附件 4-1 監督內部控制設計面之參考提問　　　　158

附件 4-2 監督內部控制的執行是否有效之參考提問　162

附件 4-3 監督風險管理之參考提問　　　　　　　163

附件 4-4 異常交易之常見警訊　　　　　　　　　165

附件 4-5 辨認舞弊或非法行為之參考提問　　　　166

附件 4-6 監督舞弊風險之參考提問　　　　　　　167

附件 4-7 評估舞弊風險之參考步驟　　　　　　　168

附件 4-8 監督檢舉制度之參考提問：制度之設計　169

附件 4-9 監督檢舉制度之參考提問：制度之執行　170

附件 4-10 監督檢舉制度之參考提問：

高階管理者的支持　　　　　　　　　　　　　　171

4.0 重點摘要

　　公司內部控制與風險管理制度之建立與施行，是董事會與管理階層的責任，而監督內部控制制度，協助管理階層辨認重大風險事項、落實風險管理、法令遵循、防範舞弊，則是審計委員會的重要職責。審計委員會要進行適當監督，掌握公司所面臨的風險、降低舞弊發生的機率。

4.1 內部控制

4.1.1 定義與目的

- 內部控制制度，係管理過程中的一部份。上述過程，係由經理人設計，審計委員會同意，董事會通過，並由董事會、經理人及其他員工共同執行。

- 內部控制制度的目的，在合理確保達成營運、報導、遵循法令規章三種目標，促進公司之健全經營。營運目標包括獲利、績效及保障資產安全等，在追求營運的效果及效率；報導分財務及非財務，也分公司內部與外部，報導之目標在追求報導之內容具可靠性、及時性、透明性，以及符合相關規範。對外之財務報告之報導須符合之規範，係證券發行人財務報告編製準則，以及一般公認會計原則等。

- 內部控制得基於三種目標而分為三類：對營運的內部控制、對報導的內部控制，以及對法令遵循的內部控制。

- 公司應依公開發行公司建立內部控制制度處理準則之規定，考量本公司及其子公司整體之營運活動，設計其內部控制制度，並確實執行，且須隨時檢討，以因應公司內外在環境之變遷，俾確保

該制度之設計及執行持續有效。

■ 內部控制之運作是否有效，同受設計及執行兩個層面影響。

■ 金融業之內部控制有較嚴格之規範，如須建置法遵及風控單位。

■ 公開發行公司審計委員會，依據證券交易法第14條之5第1項第1款
與第2款之規定，分別監督內部控制制度之設計，考核內部控制
制度之執行是否有效；上述監督係基於五個組成要素（參見本章
4.1.2段落說明）而進行。金融業審計委員會之監督，宜參考金管
會另行公布之法規與準則，有較嚴格之規範。

4.1.2 內部控制的組成要素

■ 每類內部控制均由下列五個組成要素所構成，內部控制之運作是
否有效，取決於各該組成要素之運作是否有效。

● 控制環境

控制環境係內部控制制度之基礎。

本組成要素要求董事與經理人須誠信，其價值觀具有道德；董事
會與經理人應建立內部行為準則，分別如董事行為準則、員工行
為準則等。

本組成要素也要求董事會承擔訂定人力資源政策之責，公司所吸
引、培育及留用的員工須具備相當能力，不是光有誠信即足。

本組成要素要求董事會承擔其監督內部控制之制訂與執行的責
任。

本組成要素也要求董事會承擔其設計組織的結構、指派權責的責
任。

公司會要求每個員工各自擔負起其在內部控制上的責任，得被究責。

● 風險評估

風險評估之先決條件，為各項目標已告確立。該等目標須與公司不同層級的單位相連結。

管理階層應考量公司外部環境與商業模式改變之影響，以及可能發生之舞弊情事，辨認風險事項，評估該等風險事項發生之機率，以及一旦發生之影響程度，評估的結果，可協助公司及時設計、修正及執行控制作業。

● 控制作業

係指公司依據風險評估結果，訂定適當政策，並據以執行控制作業之行動。

公司進行控制作業之目標，係將風險控制在可承受範圍之內。

控制作業之執行，應涵蓋公司所有層級、所有業務流程的各個階段，範圍也納入科技環境等及對子公司之監督與管理。

控制作業與營運作業有別，營運作業在執行管理階層所下達之指令，控制作業則在協助上述指令會被落實執行。營運作業與控制作業均為各部門為達成其目標、降低風險而採行之行為。

● 資訊與溝通

資訊指公司自行產生資訊，或從公司內、外部蒐集資訊。

溝通指資訊得在公司內部，及公司與外部之間傳遞，著重於資訊之使用，以支持內部控制其他組成要素之持續運作。

前述內部控制制度產生之資訊，須攸關並具其他品質特徵，得適時提供資訊需求者於進行規劃、執行及監督等功能時有效使用。

● 監督作業

係指公司進行持續性評估、個別評估或兩者併行，以確定內部控制制度之各組成要素是否已經存在及持續運作。

持續性評估係指不同層級營運過程中之例行評估，個別評估係由內部稽核人員、審計委員會或董事會等進行評估。

對於所發現之內部控制制度缺失，應向適當層級之管理階層、審計委員會或董事會報告溝通，並及時改善。

4.1.3 有效設計與執行的要件

■ 管理階層設計內部控制制度時，應考量公司之業務、規模及風險、設置制度的成本與效益；設計出來之制度應涵蓋各項業務，且有效。

■ 管理階層設計出來的內部控制制度，須經審計委員會、董事會通過後，由公司全體人員共同遵循執行。

■ 公司內部控制制度即便有效，也僅能合理確保目標之達成，無法提供絕對保證。也就是即便是有效的內部控制制度，也無法絕對保證內部控制完美無瑕，因為涉及到制度本身的先天限制與設置成本的因素。

■ 內部控制的先天限制包括但不侷限於下列：

● 管理階層決策判斷之偏頗導致錯誤，

- 人為之錯誤及疏漏，

- 管理階層對內部控制有過多的干預，

- 管理階層或第三者因串謀勾結使內部控制無效，

- 非組織可控制的外部事件等。

■ 判斷內部控制制度之設計與執行為有效的要件如下：

- 五大組成要素各個均能有效運作，共同將阻礙達成既定目標之風險降低至可接受之水準。各組成要素之判斷項目，除參考金融監督管理委員會所定者外，宜依實際個別公司需要，自行增列必要之項目。

- 各組成要素之下的各攸關原則，均已經存在，且持續運作。

- 適時考量公司之經營規模、業務範圍、競爭狀況及風險水準等因素，檢視內部控制制度之設計，並隨情況之變化進行調整。

- 公司發生內部控制顯著缺失時，即應重新檢視內部控制制度之設計與執行。

FAQ 1

內部控制制度的設計與執行，審計委員會如何監督？

答 審計委員會對於內部控制制度設計面之監督，宜檢視公司管理階層是否考量公司現有目標、資源與人力，依循五個組成要素與各公司之營運情形，考量內部控制制度的設計。公司內部控制制度之設計是否有效，審計委員會可參考附件 4-1。

判斷內部控制制度之設計是否有效，宜考量五個組成要素是否可有效

發揮其功能，並遵循所屬產業法令。公司得視所屬產業之特性，依實際營運活動自行調整各組成要素下有效性之判斷項目。又審計委員會監督公司如何訂定或修正內部控制制度，亦可參考附件 4-1。

審計委員會監督公司內部控制制度之執行時，宜檢視其執行情形，判斷管理階層訂定之目標是否達成，並得參考金管會所定之內部控制制度有效性之判斷項目，進行判斷，亦可依實際需要，自行增列必要項目。

審計委員會在評估內部控制制度（含風險管理）有效性時，宜參考的項目，如附表 4-2 之提問，可要求管理階層或內部稽核人員提出報告。

4.2 風險管理

4.2.1 定義

■ 風險係指讓公司目標達不成的任何事件或因素；風險管理則基本上指公司為降低可能發生風險事項之不利影響而執行之程序。它從目標之訂定開始，包括辨識風險事項、評估該等事項之風險，以及基於評估之結果而作出回應。評估某一風險事項之風險時，會評估該事項發生的機率，以及該事項一旦發生時的影響程度。

■ 下列事項均屬風險事項，如：競爭對手推出新產品，威脅本公司、本公司發展出新產品、本公司併購他公司或成為他公司之併購標的；國家制定新政策、修訂法律；新科技出現，或者新競爭對手進入市場、氣候變遷等，都可能使公司資產、負債發生變化。

■ 風險事項的分類，可基於事項發生的原因、事項本身的性質，或者事項的潛在影響等。若基於風險事項的性質，一種分類方式是將風險分為：政治經濟、永續經營暨氣候變遷、經營策略與競

爭、法令遵循、資訊安全與網路攻擊,以及商譽等六類,惟此種分類方式並非唯一。

4.2.2 有效的風險管理

■ 管理階層所進行之風險管理若有效,則可合理確保公司之目標得以達成。以下各點能協助釐清管理階層所進行之風險管理是否有效:

● 公司董事會、審計委員會及管理階層均本於誠信原則,善盡忠實與注意義務,充分瞭解風險管理,包含內部控制如何進行,並加監督。

● 負責風險管理之人員,具備足夠的專業能力、投入足夠的心力,已適當辨認公司重大潛在風險之所在,並已向審計委員會和董事會報告。

● 公司是否已將整體風險有關的問題均已納入考量,未遺漏重大風險。

● 公司風險管理程序係持續運作,非偶一為之。

● 公司治理單位與管理階層均了解內部稽核人員在風險管理中所扮演的角色,以及年度稽核計畫涵蓋主要風險的程度。

■ 下列係常見風險事項之釋例。管理階層得自其中辨認適用者,並自行增添其他風險事項:

1. 通貨膨脹或利率、匯率發生變動

2. 國內外重要政策變動,或有法律新訂、修訂、廢止等情事

3. 產業結構發生變化

4. 新科技發展成功

5. 進行併購

6. 經營權換手

7. 資金貸與他人、替他人背書保證

8. 從事高風險、高槓桿的投資，如衍生性商品交易

9. 發展中的法律訴訟或非訟事件

10. 研發投入之資源大幅增減

11. 廠房增建或關閉

12. 進、銷貨對象過度集中

13. 董事或大股東大量移轉持股

14. 公司形象改變

4.2.3 審計委員會之監督

　　管理階層之責任既包括進行風險管理，審計委員會之監督則再確認管理階層是否已盡其責，並與管理階層討論出風險回應之方式。

■　審計委員會宜監督公司建立適當之風險管理機制，掌握已存在或潛在的風險事項、評估其風險，並考量公司的風險承擔能力、已承受風險之狀況，決定風險因應策略，並監督風險管理制度之執行。

■ 審計委員會宜提醒管理階層：公司營運須遵守法令、專業原則與標準，以及產業規範，定期檢視公司風險之變化，辨認出來的風險事項應評估其影響，並提出回應對策。

■ 審計委員會如何監督公司風險事項之辨認、宜特別留意的事項、子公司的風險管理，以及風險管理上常見的缺失，請分別參見FAQ2、FAQ3、FAQ4及FAQ5；此外，就風險抑減之作為，還可再參見附件4-3。

FAQ 2

風險事項之辨認，審計委員會如何監督？

國內外實務分享

每家公司進行風險管理的流程或有不同，但審計委員會監督管理階層是否確實辨認風險事項，則可參考管理階層所進行的下列三個步驟：

(1) 確認公司的中長期策略性目標

營運目標之選定，係董事會的責任，審計委員會宜確認公司的中長期策略性目標，以瞭解風險管理的重點。

(2) 檢視過往的風險事件

參考過往的風險事件，推估可能潛在的風險。過往風險事件的範疇，包括本公司、同業，以及不同產業曾發生的類似風險事件。

(3) 蒐集各類風險研究報告

管理階層或內部稽核人員可蒐集國內外風險研究報告，以瞭解產業、經濟趨勢上的機會與風險。所蒐集的資訊，可涵蓋法令、所屬產業，以及國內外政經情勢變動之趨勢。

審計委員會亦可自行辨識風險事項、編製清單，進行風險排序，找出公司前五大風險事項與相關議題，再與管理階層所辨認之風險議題相比對，繼而監督管理階層所進行之整體風險因應。

FAQ 3

審計委員會宜特別留意的風險事項有哪些？

答 審計委員會宜特別留意的風險事項，隨公司而異，受公司的業務、規模、人員及所處環境而影響。常見的風險事項，例舉如 4.2.2 有效的風險管理，審計委員會應定期從中辨認該公司適用者，再按風險大小排序，特別留意其中風險較大的五項。

FAQ 4

審計委員會如何監督子公司的風險管理？

答 審計委員會宜監督子公司的經營與風險管理，母公司對子公司的內部控制至少應包括下列項目：

(1) 控制環境之監督：母公司與各子公司間應建立適當的組織控制架構，包括子公司董事、監察人及重要經理人之選任、指派權責之方式，以及人事政策等。

(2) 風險評估之監督：母公司應辨認其與子公司整體之既定經營目標、策略，俾供各子公司據以評估相關業務活動之風險。

(3) 控制作業之監督：各子公司應對其重大財務、業務事項訂定控制作業，母公司則監督子公司所訂定之控制作業。各子公司之財務、業務事項，包括重大設備、有價證券及衍生性金融商品之投資、資金之舉借或貸與他人、背書保證、債務承諾、重要契約、重大財產變動等。各子公司之監督除財務、業務事項外，尚有財務報導事項。財務報導，可能須適用國際會計準則、專業判斷、決定採用哪些重要會計政策、會計估計是否變動等。各子公司應對其財務報導事項訂定控制作業，母公司監督子公司所訂定之該等控制作業。

(4) 資訊溝通之監督：母公司與各子公司間，可能有業務區隔，須接洽訂單、備料、配置存貨等活動，均須藉資訊而完成。母公司應決定其如何監督子公司之資訊與溝通。

(5) 母公司監督子公司之監督作業：各子公司設計及執行其監督作業，母公司監督該等作業，以判斷子公司內部控制之品質，以及是否須採取進一步之改正活動。

FAQ 5

常見的風險管理缺失有哪些？

答 (1) 公司設計風險管理制度時，所考量之風險欠完整，如僅重機會的追求，而未給風險同等權數，致遺漏攸關風險，具體如僅重本期獲利，卻忽略法遵；又如，跨境營運，未能辨認當地特有的風險事項，而因語言不同而出現溝通不良的風險；再如，跨產業營運，常無法有效辨認新跨入產業的風險。此外，因總體經濟環境變化而產生的風險，也容易被忽視。

(2) 考量的風險層面未加整合，如僅關注個別風險事項，忽略多個風險事項間的連動所造成的潛在威脅；又如，各部門　般均優先關注與自身相關的風險，不同部門若缺乏溝通，則不同風險的相互連動關係即難以檢視。再如，各類風險管理的評估基準若不一致，

難以對風險作整體考量。

(3) 執行面的風險，與設計面的風險相對，係因未必能夠落實原先的設計而產生。因人而造成的風險，多屬此類。例如，人類的溝通能力受有限制，資訊傳遞無法絕對精確，認知錯誤與執行落差乃告出現；又如，某些人的風險意識薄弱、能力不足，亦生風險：一般而言，母公司風險管理人員的能力通常較佳，子公司或海外分支機構則可能因當地人力配置與人力素質的問題，而出現風險管理的闕漏。除因人而發生的風險外，子公司或海外分支機構也因所處當地營運環境的限制，而可能成為額外的風險來源。

4.3 異常交易之防免

4.3.1 定義

■　異常交易係一種業務行為，惟其交易的模式、條件、規模等與正常交易有別。例如，該筆交易的金額過小或過大、交易被設計成不必要地複雜或過分簡略。附件4-4異常交易之常見警訊，可供參考。

4.3.2 異常交易之風險管理

■　對異常交易進行風險管理，辨認其中的異常部分、瞭解其發生的原因，以及對公司的影響，是管理階層的責任。

■　異常交易之風險管理，首重評估進行該交易的營運決策，管理階層於承擔風險與預期效益間取捨。交易權限之劃分，亦為風險管理的一環，各層級員工之交易權責若能明確劃分、課責，或可降低損害公司利益的風險。

■ 審計委員會對某交易處理有疑惑時，宜要求管理階層說明其對於同類交易事項的處理方式，及是否一致；若不一致，則為異常，須進一步說明異常發生的理由，以及處理方式之根據。

4.4 內部控制缺失

4.4.1 定義

■ 內部控制之缺失，係指有影響內部控制目標達成的事件發生，但內部控制卻無法及時在事前預防其發生，或在該負面事件發生後，未能及時察覺出其已發生並加改正。上述缺失，包括缺乏某項必要的控制措施。本項責任，主要由管理階層擔負。

4.4.2 類別

■ 內部控制發生缺失，可按發生的原因或缺失的嚴重程度而區分不同類別。

■ 內部控制發生缺失，就原因而言，可能是由於設計面或執行面的緣故。例如，缺乏必要控制措施的情境，會計與出納未分工，由同一人擔任。該情境的出現，可能是公司在設計內部控制制度時，漏未納入該項分工的控制措施，或者是內部控制制度的規範雖已禁止會計兼任出納，但卻因原任會計人員離職，一時未聘得合適人選，乃由出納兼任。前者屬設計的缺失，後者屬執行的缺失。

■ 內部控制之缺失，按其嚴重程度，可分為三類：重大缺失、顯著缺失、一般缺失。所謂顯著缺失，係指一項內部控制缺失，或多項內部控制缺失，經合併考量後，須提醒審計委員會注意；至於

重大缺失，比顯著缺失更加嚴重，更須提醒審計委員會注意。一般缺失又稱其他缺失，無須向審計委員會報告。

4.4.3 審計委員會的監督

■ 預防內部控制發生缺失，係由管理階層擔負主要責任；辨認內部控制之缺失、評估其嚴重程度，以及決定如何處理之方式，主要責任亦由管理階層擔負；審計委員會宜瞭解管理階層如何履行其責任，並加評估與監督。

■ 當辨認內部控制缺失與改正缺失之責任，係分別隸屬公司不同層級或不同部門時，審計委員會宜鼓勵相關部門及早揭露缺失，並盡可能在財務報告公布前改正。

FAQ 6

公司辨認、評估和揭露內部控制的缺失，審計委員會要如何監督？

答 管理階層應逐一辨認內控缺失、評估個別缺失的嚴重程度、所有缺失對公司整體之彙總影響，以及所採取的改正措施等，告知適當層級的管理階層，再將顯著以上缺失陳報審計委員會和董事會；如發生內部控制舞弊，還須對外公告。

審計委員會則負監督之責，可根據公司的規模、業務的範圍和複雜程度，以及風險承受能力，監督管理階層之上述行為。此外，審計委員會亦得定義如何判斷內部控制制度良窳的指標，分就設計面與執行面進行監督。

FAQ 7

如管理階層無法在財務報導期間結束前改正內部控制的重大缺失，審計委員會要如何處理？

答 審計委員會宜要求管理階層出具缺失報告，詳細說明正在進行的改正措施；亦可請內部稽核人員或外部獨立專家驗證改正的結果，並出具報告。

4.5 重大性判斷

■ 具重大性的資訊，是指資訊使用者的判斷會因有無這項資訊而告改變或受影響的資訊。

■ 一項資訊重大與否的判斷，在進行財務報導、內部控制或風險管理時，均會碰到。管理階層在評估某特定事項是否須加揭露、以前發佈的財務報表是否須重編時，均遭財務報導的重大性判斷；在判斷內部控制特定缺失的嚴重程度時，則遭缺失是否顯著的營運決策判斷。

■ 判斷重大性，須同時評估量化與質化指標。在量化指標下不重大的錯誤或缺失，可能因質化指標而變得重大。因此管理階層及外部查核人員在判斷特定會計項目、內控缺失，或風險是否重大前，宜考量相關量化與質化資訊。

■ 重大性的評估，是一項持續的過程。管理階層和外部查核人員均可能隨風險之變化而調整既定重大性門檻。

■ 審計委員會宜瞭解管理階層和外部查核人員評估出來的重大性門檻，及其對內部控制、風險管理與財務報導的影響。

國內外實務分享

實務上，判斷重大性的常見方法，通常是先採量化指標，再使用質化指標。前述量化指標的門檻，如：營業收入淨額的1%，或總資產金額的1.5%等。至於質化指標，美國證券交易委員會(SEC)發出指引，特別提醒在下列情形下，即使未達一般量化指標的門檻，亦會因質化指標而被認定具重大性：

(1) 公司的每股盈餘，過去的趨勢係成長，惟當年實際上變成衰退。該公司小幅虛增每股盈餘，使趨勢的不利改變被掩蓋。

(2) 公司事實上發生小額損失，但高估收益，雖誤估的金額不大，但已使其可在帳面列報本期淨利。

(3) 公司虛增本期淨利，以配合分析師對該公司作成的預期績效。

(4) 公司小幅虛增本期淨利，以達得發放管理階層激勵薪酬的門檻，使管理階層得溢領報酬。

(5) 公司未遵守貸款合約的某項條款，或違背主管機關頒布的行政命令，但予隱匿。

(6) 公司進行非法交易，或涉入不當行為，但予隱匿。該等交易或行為係由資深管理階層所為，或涉案的部門在經營或獲利能力上扮演重要角色。

4.6 舞弊與不法行為

4.6.1 定義

■ 舞弊為行為人使用欺騙的方法，故意進行的不誠實行為，目的在獲取不當或非法利益，是一種不法行為。

- 進行舞弊的人，身分可能有多種，若屬公司內部人，則為職務舞弊。進行職務舞弊之內部人，可能為治理單位、管理階層，或員工；可能一人獨力犯案或多人合謀；多人合謀時，可能結合外部第三者或全為公司內部人。

- 公司一旦遭遇職務舞弊，會發生金錢、有形無形財物，或是聲譽上的損失。

- 管理階層若要獲得敏感和具有商業價值的資訊，比其他人容易，一旦舞弊，對公司造成的損害也較大。

- 職務舞弊之種類甚多，有：侵占資產、貪腐，以及不實財報。

- 不法行為，亦稱未遵循法令事項。公司經營如未遵循法令，可能導致罰款、訴訟，或產生其他重大影響。

- 管理階層有確保公司之經營符合法令之責任。

- 會計師於查核財務報告時，如辨認出舞弊或疑似舞弊、重大未遵循法律事項或疑似未遵循法律事項，須向審計委員會報告，並視情況向外部權責機關報告。

- 審計委員會宜瞭解舞弊的類型及可能發生舞弊的情況，據以評估公司的舞弊風險，監督公司防免舞弊與不法行為的發生。

- 董事會有責任制定公司內部行為守則和道德規範，而審計委員會宜協助董事會建立誠信的企業文化，確保管理階層訂定反舞弊的企業政策與控制措施。

- 審計委員會宜定期監督反舞弊政策與控制措施的執行情形，並追蹤執行成效。

4.6.2 分類與成因

- 職務舞弊,是由公司人員所進行的舞弊,可分為下列三類:

    - 不實表報、財務報告或其他申報資料,例如進行虛假交易導致不實報表,或稅務報表有故意的誤述或遺漏。

    - 資產侵占,致公司的財物損失。

    - 貪腐(包含利益衝突)、回扣、賄賂、不法酬謝、恐嚇,其方式可能包括成立空殼公司、操縱合約等,導致公司的收益和價值受損。

- 下列現象如同時出現,通常與員工職務舞弊有關,缺一即無舞弊:

    - 誘因及壓力:例如,舞弊者遭遇生活上財務壓力,有達成預期收入目標或享受奢華生活的動機。

    - 機會:受害公司的內部控制制度有缺失,包括高階管理階層逾越控制制度。

    - 行為的合理化:舞弊者不認為其行為之可責性高,例如:反正別人也都在做、公司對我不好、公司可以負擔得起這個損失等。

    - 舞弊者的個人特質,包括在面對壓力時,是否比別人更容易合理化其舞弊行為。

FAQ 8

審計委員會如何辨認公司是否出現舞弊或非法行為？公司出現舞弊或非法行為的警訊(Red Flag)為何？

答 審計委員會可參考附件 4-5 之參考項目辨認舞弊或非法行為。

國內外實務分享

舞弊可能發生的警訊，有：

1. 行為警訊：

   舞弊者展現出的異常行為，有的與個人生活有關，有的則與其工作職務有關。前者如：花的比賺的多、遭遇財務困境等；後者則有與供應商、顧客不尋常地親密行為、出現很多內部控制上的爭議、不願把工作交給他人等。

2. 數據警訊：

   不同會計項目間的關聯出現異常。惟當兩項目間的關聯性出現異常時，並非必有舞弊發生，但值得審計委員會向相關管理階層、業務人員、稽核人員詢問其緣由。

4.6.3 舞弊風險管理

■ 舞弊風險管理與舞弊調查不同。舞弊風險管理係屬事前的防範，尚未辨認疑似舞弊行為；舞弊調查則在疑似舞弊行為已告辨認之後。

■ 管理階層應進行舞弊風險管理，訂定行為守則，形塑反舞弊的企

業文化，教育員工使其具備辨認舞弊跡象的能力、建置舞弊預警和監控系統、定期評估舞弊風險；若發現疑似舞弊，須進行追蹤、調查，以及進行後續處理。

■ 公司訂定之行為守則，應納入禁止舞弊和進行其他不當行為之條款。

■ 管理階層進行舞弊風險管理，應評估該等風險。舞弊風險項目，可參考附件4-6。

■ 審計委員會宜監督管理階層所進行之舞弊風險管理，檢視其舞弊風險之評估是否適當，監督其建置之舞弊預警系統、追蹤和監控系統之運作，以及管理階層如何處理疑似舞弊、調查舞弊，以及舞弊行為確定後之因應方式。

4.6.4 檢舉制度

■ 檢舉制度是一種公司鼓勵內外部人員指出公司或員工不誠信或不當行為的制度，是風險管理機制中的重要一環。許多國外調查發現，在多種偵測此類行為的方法中，檢舉制度的效果甚為突出。

■ 公司宜建立讓員工可安全揭露實際已發生或可能發生此類行為的正式程序，規範檢舉人應向誰檢舉、如何檢舉才予受理；公司是否設置專責單位處理、如何保護檢舉人，以及在取得檢舉資訊後是否調查、由誰調查、如何基於調查發現而採取進一步的行動。該等進一步的行為，包括責成相關單位檢討作業程序及內部控制、提出改善措施，以及向董事會、審計委員會報告等。惟檢舉如有虛偽，對做出不實檢舉的內部人員應如何處理，該程序亦宜規範。

■ 審計委員會宜監督公司所建立的檢舉制度是否合理、運作是否有

效，故得定期審閱檢舉報告，辨認遭檢舉案件的類型和性質，追蹤其後續處理，並予適當指導。

■ 審計委員會亦得請管理階層提供重大檢舉事件之資訊，藉此而瞭解公司的風險事項，確定公司內部控制制度是否需加修改。

■ 公司年報宜揭露檢舉政策的內容與程序，審計委員會宜監督該等揭露是否適當。

■ 審計委員會如何監督管理階層履行其設置檢舉制度之職責，可參考附件4-8、4-9與4-10。

國內實務分享

■ 實務上，公司管理階層制定檢舉制度時，應考量下列目標；審計委員會則予監督：

1. 確保公司設計的檢舉制度為適當，包括指派適當專人負責、選擇適當檢舉管道、作成保障檢舉人之安全及保守檢舉內容不予洩漏之承諾，以及管理階層定期審閱檢舉報告和案件。

2. 檢舉人檢舉時，至少須提供下列資訊：

   (1) 檢舉人之姓名、身分證號碼，及可聯絡到檢舉人之地址、電話、電子信箱，惟亦得匿名檢舉。

   (2) 被檢舉人之姓名或其他足資識別被檢舉人身分特徵之資料。

   (3) 可供調查之具體事證。

3. 確保公司檢舉制度的運作為有效，能鼓勵公司內部及外部人員檢舉公司或員工之不誠信行為或不當行為；其具體方

法，如明確揭露檢舉政策和程序、受理檢舉之專責單位、檢舉之管道等、所選擇之檢舉管道獨立性係足夠，以及管理階層於事後向董事會、審計委員會報告之內容具體明確，包括檢舉情事、其處理方式及後續檢討改善措施。惟如檢舉人所提供的資訊為虛偽，則應處分檢舉人。

4.7 重要法規、守則與參考範例

本章除參考國內外相關機構之專業出版品外，亦參考我國相關法令、守則及範例。相關法令、守則茲整理如下，讀者請注意法規之更新。

1.	證券交易法 §14-5
2.	公開發行公司建立內部控制制度處理準則
3.	公開發行公司建立內部控制制度處理準則問答集
4.	公開發行公司取得或處分資產處理準則
5.	公開發行公司取得或處分資產處理準則問答集
6.	公開發行公司資金貸與及背書保證處理準則
7.	公開發行公司資金貸與及背書保證處理準則問答集
8.	發行人募集與發行有價證券處理準則
9.	公開發行公司辦理私募有價證券應注意事項
10.	公司募集發行有價證券公開說明書應行記載事項準則

11.	證券商風險管理機制自行檢查表
12.	金管會公司治理問答集 - 審計委員會篇
13.	金管會公司治理問答集 - 獨立董事篇
14.	金管會內部控制制度有效性判斷參考項目
15.	上市上櫃公司治理實務守則
16.	上市上櫃公司誠信經營守則
17.	臺灣證券交易所股份有限公司證券市場不法案件檢舉獎勵辦法
18.	財團法人中華民國證券櫃檯買賣中心證券市場不法案件檢舉獎勵辦法
19.	公開發行公司審計委員會行使職權辦法

附件 4-1 監督內部控制設計面之參考提問

關於內部控制制度設計面之監督，審計委員會可選擇適合於公司情境的項目，詢問管理階層或內部稽核人員，或要求彙整報告：

內部控制制度設計面之監督

1. 管理階層是否辨認出公司的重大風險？

2. 管理階層是否為所有已辨認的重大風險，訂定相應的內部控制活動？

3. 新風險一旦出現，管理階層要如何調整公司內部控制之流程，以為因應？

4. 公司的資源是否足以執行所設計的全部內部控制活動？

5. 企業文化、行為準則、人力資源政策和獎酬制度，是否支持公司的既定目標？

6. 關鍵員工的權限和責任是否已明確定義和區分？不同部門決策和行動的協調是否適當？

7. 對非經常特殊交易的核准和監督，控制是否適當？

8. 管理階層和董事會是否收到有關風險和內部控制的報告？收到的時間是否即時？報告的內容是否相關、可靠？

9. 公司是否訂定關鍵風險指標，以監控重大風險，並採取適當風險抑減措施？

10. 公司在監督內部控制的過程中，是否善用內外部稽核所進行的工作？例如，內部稽核人員是否定期探訪受查單位？外部查核人員是否進行專案審查？

---

11. 公司是否依循金管會之規定，訂立內部控制及內部稽核實施細則？

12. 公司內部的組織結構、呈報體系是否明確？權責是否適當？設置之經理人、其職稱、委任與解任、職權範圍及薪資報酬政策與制度等事項是否載明於文書？

13. 公司之內部控制制度是否涵蓋所有營運活動？營運活動的進行是否遵循所屬產業之法令？訂定對營運循環之控制作業，是否考量產業特性？

14. 公司是否訂有印鑑使用之管理辦法？公司是否訂有智慧財產管理辦法？

15. 審計委員會是否訂有審計委員會議事運作之管理辦法？薪資報酬委員會是否訂有薪資報酬委員會議事運作之管理辦法？

16. 公開發行公司使用電腦化資訊系統處理者，其內部控制制度，除資訊部門與使用者部門應明確劃分權責外，至少還應包括資訊處理部門職責劃分等控制作業。

17. 公司自行評估內部控制，是否訂有相關程序之規定？

18. 公司是否訂有對子公司之控制作業？

19. 經理人及相關人員在違反公開發行公司建立內部控制制度處理準則或公司所訂內部控制制度規定時，應如何處罰，公司是否訂有辦法？

修訂內部控制之監督

1. 選定納入內部控制之業務項目

   公司設計內部控制制度時，應涵蓋公司內部各單位之業務，惟應審視各該業務之重要性及風險性，依據控制的效益與成本，決定納入內部控制制度之業務項目。

2. 確認既定目標

   (1) 公司是否已依設立目的、願景、策略，訂定整體層級目標及各單位之作業層級目標？作業層級目標是否配合各單位之業務職掌，以作業類別或作業項目為基礎？

   (2) 公司是否每年定期或不定期檢視各部門既有整體層級目標與作業層級目標之一致性？

3. 評估風險

   (1) 公司與各部門是否辨識使整體層級與作業層級目標不能達成之內、外在事項，分析發生之可能性及其影響之程度，進行風險評估？

   (2) 公司與各部門進行風險評估時，是否參考以往經驗或現行作業缺失，透過量化或非量化方式，分析風險事項發生之機率及影響，以決定風險等級？

   (3) 公司與各部門是否綜合考量風險評估之結果及風險容忍度，就不可容忍之風險，研議及採取適當回應措施？如決定採設計控制作業方式加以回應，是否及時設計，降低該風險等級？對於可容忍之風險，是否監督並定期檢討，以確定該等風險仍維持在可容忍程度之內？

4. 設計控制作業

   (1) 公司是否針對選定納入內部控制之業務項目，由內部各

單位對其承辦業務流程，視性質需要，設計控制重點。可採行的控制程序，包括：核准、驗證、調節、覆核、定期盤點、記錄核對、職能分工、實體控制及計畫、預算或前期績效之分析比較等？

(2) 公司之業務項目若已發生內部控制在設計上之缺失，是否針對該等業務項目修正控制重點？

5. 建立監督之機制

公司評估內部控制之時間，得定期或不定期；負責評估的單位可由業務單位本身或由稽核單位負責。當由負責之業務之單位自行評估時，宜由該單位之主管監督評估作業。

(1) 自行評估：公司是否督促內部各單位每年至少辦理一次自行評估，由內部稽核單位覆核，作為公司出具內部控制制度聲明書之主要依據。

(2) 稽核之評估：公司是否統合或運用營運監督、人事考核、內部稽核、資安稽核及外部查核等稽核評估職能，協助審視內部控制制度之設計及執行是否有效。

附件 4-2 監督內部控制的執行是否有效之參考提問

關於內部控制制度執行面之監督，審計委員會可選擇適合於公司情境的項目，詢問管理階層或內部稽核人員，或要求彙整報告：

內部控制制度執行面之監督

1. 公司營運中是否建置持續性的監督作業，以確保內部控制和風險管理相關政策係有效執行？

2. 管理階層是否有重新評估風險並有效調整內部控制的能力，以因應目標、業務、外部環境等的變化？

3. 管理階層是否針對風險管理和內部控制制度之有效性，向審計委員會進行適當溝通，包括即時報告重大缺失？

4. 一旦發現內部控制制度存有缺失時，對其監控應更廣泛，是否有資訊系統會顯示此一訊息？

5. 審計委員會從不同部門收到的風險或內部控制資訊是否會不一致？

6. 不同的管理階層對風險和內部控制的看法，可能不一致。是否需採取行動來確保其觀點一致？

附件 4-3 監督風險管理之參考提問

關於風險管理之監督，審計委員會可選擇適合於公司情境的項目，詢問管理階層或內部稽核人員，或要求彙整報告：

風險辨認

1. 公司的主要業務目標是什麼？這些目標是否包括可衡量的績效目標和指標？

2. 管理階層能否清楚地理解公司內部的 5-10 個主要風險？

3. 公司的風險策略如何與其關鍵業務目標作連結？

4. 管理階層和其他人是否對公司的風險胃納有清晰的瞭解？哪些風險是可以接受的？

5. 哪些資訊來源被用來定義公司面臨的主要風險？是否已考慮內部和外部的影響？

6. 如何整合和呈現風險資訊？

7. 評估已辨認風險的影響和發生機率的標準是否有意義？

8. 有哪些流程可以辨認影響目標的新興風險，以及風險排序的相關變化？

9. 公司是否有積極的方法來改善風險管理流程？

10. 風險間的相互關係是否已明確辨認、理解並整合到風險評估程序中？

11. 公司負責風險管理人員的能力是否足夠？是否同時擔負營運和監督的責任？

12. 公司的風險管理政策是否已被明確闡述，並傳達給全公司相關的人員？

風險抑減

1. **管理階層**是否有明確的策略來管理已辨認的重大風險？如何確保風險抑減的系統、政策、流程和控制正在有效運作？

2. 公司的文化、行為準則、人力資源政策和獎酬系統是否支持其目標以及風險管理和內部控制系統？

3. 公司是否有一致的風險觀點、共同的語言來驅動有效的風險管理行動和決策？

4. 是否明確界定權限，責任和權責制度，以便適當的人做出決策並採取行動？公司不同部門的決策和行動是否得到適當協調？

5. 員工是否具備足夠的知識，技能和工具來有效管理風險？

6. 是否設置正式報告或關鍵風險指標來監控關鍵風險和風險抑減行為？

7. 如何調整內部流程以因應新的或不斷變化的風險或營運缺失？

8. 風險管理資訊如何影響關鍵決策？**由誰提供風險管理資訊？**

附件 4-4 異常交易之常見警訊

　　審計委員會在判斷公司的交易是否為異常時，可選擇適合於公司情境的警訊，要求管理階層或內部稽核人員說明，或要求彙整報告：

以下警訊與交易有關：

- 交易的金額不合理，例如，進貨的數量過多、單價過高或過低
- 交易設計成不必要地複雜或過分簡略
- 連續若干大筆金額之交易
- 鉅額交易卻全以現金交割
- 交易的時間異常
- 交易的對手或受益人特殊
- 交易模式不尋常，例如條款特殊，或未明訂條款
- 進行交易的方式，違反公司內部規範
- 費用的核銷欠合理
- 進貨退回、銷貨退回，或其他變更原交易條件之情事頻率太高
- 不同賒銷客戶所提供之土地擔保品，地號相同

以下警訊與特定現象有關：

- 應收款項餘額過高，且久久未能收回
- 應收帳款本期餘額與前期重大不同，但該變化不在預期之內
- 期末現金短缺或存貨短缺，原因無法解釋
- 全年銷貨大幅增加，廢料卻保持相同水準
- 不同銷貨客戶的地址或聯絡電話相同

附件 4-5 辨認舞弊或非法行為之參考提問

審計委員會在辨認公司是否出現舞弊或非法行為時，可選擇適合於公司情境的項目，要求管理階層或內部稽核人員說明，或要求彙整報告：

1. 公司重要員工與供應商的往來是否異常？

2. 公司關鍵員工是否做出與其工作職責可能互相衝突的事？

3. 公司聘用員工前是否進行背景調查？

4. 公司的員工訓練是否納入道德和反舞弊的重要性？

5. 公司是否接受匿名檢舉？

6. 公司出納與會計是否分由二人負責？是否強制輪調？

7. 公司採購人員可否兼任會計工作？

8. 公司是否定期評估退貨、退款、折讓和折扣的合理性？

9. 員工薪資清單中的身份證號碼有無重號或跳號，公司是否定期檢查？

10. 有權取得機密資訊的員工是否簽署保密協議？辨認、分類和處理機密資訊，是否已訂有相關程序？

11. 公司是否訂定辦法，規範員工得收受供應商或客戶致贈禮物的上限？員工得給予客戶折扣的上限？

12. 公司所訂定的發展願景和財務目標，是否務實？

附件 4-6 監督舞弊風險之參考提問

關於舞弊風險之監督，審計委員會可選擇適合於公司情境的項目，要求管理階層或內部稽核人員說明，或要求彙整報告：

舞弊風險管理

1. 管理階層的經營理念，是否贊同反舞弊的企業文化？贊同的態度是否堅定？是否做出實際打擊舞弊的行為？行為是否具體、有效？

2. 管理階層對舞弊風險的評估是否適當？是否定期更新？

3. 管理階層是否將所有重大舞弊風險適當納入風險管理之中，與相關的內部控制聯結，並受其監控？

4. 管理階層所制定的行為準則，是否包含禁止舞弊和其他不當行為的規範？該等規範是否亦適用於合作夥伴，如承包商？

5. 管理階層所訂定的內部控制制度中，是否納入反舞弊的措施？該等措施介入時間點，是否為早期偵測或防止舞弊階段？該等措施是否有效？內部稽核人員或外部查核人員是否扮演關鍵角色？

6. 管理階層是否設計有舞弊追蹤和監控系統，以及舞弊處理計劃？該等設計是否達成目的？

7. 各層級員工是否接受訓練，培養與其職位相當之舞弊意識？是否具有辨認舞弊跡象的能力？

附件 4-7 評估舞弊風險之參考步驟

　　管理階層評估舞弊風險時，及審計委員會進行監督時，均可採取如下所示之步驟：

步驟一： 辨認、瞭解和評估公司所處的營運環境，以及存在的壓力。

步驟二： 辨認業務流程，並考量國外營運單位、子公司的業務流程是否與其不同。

步驟三： 確認步驟二所辨認的重要業務流程，由誰負責。

步驟四： 回顧公司過去評估舞弊的經驗。

步驟五： 辨認每個業務流程中，可能發生舞弊的手法、時間和地點。

步驟六： 辨認有能力、有機會進行潛在舞弊的人。

步驟七： 在不考慮控制措施的情況下，為每個辨認出的潛在舞弊行為，評估其發生的可能性和影響程度，以及該等舞弊行為證據之所在。

步驟八： 考慮進行舞弊和隱藏舞弊的原始風險，辨認現有可用來偵測、預防和嚇阻舞弊的措施，判斷剩餘舞弊風險究有多大，是否未超出可容忍範圍。

步驟九： 就超出可容忍範圍之剩餘舞弊風險，辨認相關業務流程，思考潛在舞弊行為的特徵。

步驟十： 設計控制活動，降低該等剩餘舞弊風險。

附件 4-8 監督檢舉制度之參考提問：制度之設計

　　關於檢舉制度之監督，審計委員會可視情況就下列事項選擇適當問題，請管理階層或內部稽核人員說明或要求彙整報告：

問題一、誰設計檢舉制度？

員工是否參與？董事會或管理階層是否和員工充分溝通？

問題二、

1.　誰有權檢舉？是否允許外部人員，如供應商、經銷商，進行檢舉？

2.　檢舉人是否要檢舉？

　　(1)　須是否具名？亦即，是否允許匿名檢舉？

　　(2)　考量後續的訴訟風險、訴訟成本？

3.　哪些事項可以檢舉？

　　不當行為須加定義，包括具體行為之內容、受規範的行為人。

4.　誰負責接收檢舉資訊？是公司內部員工，還是外部獨立顧問，如會計師事務所、法律事務所？如是公司內部員工，是否指派專人負責收受機密資訊？此人除負責收受資訊外，是否負責調查？如不負責調查，他是否還負責別的任務，例如，當檢舉未被適當處理時，此人是否有權採取行動？

■　檢舉制度中，宜明確說明如何進行檢舉或揭露的管道。

5.　誰負責後續處理？例如進行調查，是內部員工，還是外部人士？由公司內部人員調查時，該內部人是稽核人員、法務人員、獨立董事、審計委員會？由公司外部人員調查時，該外部人是會

計師、律師、獨立顧問？

6. 如何對待檢舉人？

(1) 承諾將調查結果回覆予檢舉人？

檢舉人是否能在合理時間內得到回應？

(2) 事後如發現檢舉人受到不公平對待，檢舉人如何申訴及尋求協助的手段或程序。

附件 4-9 監督檢舉制度之參考提問：制度之執行

1. 制度的宣導：公司是否有定期安排道德規範、行為守則、或與反舞弊企業文化相關的訓練課程？

2. 後續調查

(1) 調查的人，是否能公正客觀？

(2) 公司是否有定期檢討檢舉制度的有效性？

3. 檢舉管道若長期無人使用，收不到檢舉時，管理階層是否會重新評估檢舉程序的有效性？

附件 4-10 監督檢舉制度之參考提問：高階管理者的支持

管理階層是否知道員工（和其他人員）有權提出檢舉？如果有人檢舉，管理階層是否知道如何採取行動？

董事會或管理階層應向員工清楚

1. 表達公司對檢舉的立場，説明公司訂定檢舉制度的目的與執行的程序。

2. 承諾：

    (1) 遭檢舉的不當行為，將被客觀且公正調查。

    (2) 保護善意檢舉的檢舉人，免於受到不公平的待遇和不利益的後果，例如終止僱用、降職、騷擾或歧視等。

第五章 內部稽核之建置與運作

5.0	重點摘要	174
5.1	內部稽核之建置	174
	5.1.1 內部稽核之專業能力	175
	5.1.2 內部稽核之獨立性與客觀性	177
5.2	內部稽核主管之任免、考評與薪酬	178
	5.2.1 選任內部稽核主管之考量因素	178
	5.2.2 內部稽核主管之考評與薪酬	179
5.3	內部稽核計畫	179
5.4	內部稽核之報告	182
5.5	評核內部稽核之有效性	183
5.6	內部稽核與相關單位之關係	185
	5.6.1 內部稽核與簽證會計師之關係	185
	5.6.2 內部稽核與公司其他內部遵循單位之關係	185
5.7	內部稽核相關事項之溝通	186
	5.7.1 審計委員會與管理階層之溝通	186
	5.7.2 審計委員會與內部稽核之溝通	187
5.8	重要法規、守則與參考範例	189
	附件 5-1 內部稽核規程範例	190
	附件 5-2 內部稽核有效性參考評量表	193

5.0 重點摘要

　　內部稽核主管為協助審計委員會履行督導職責之重要左右手，由其領導內部稽核單位，計畫並執行內部稽核作業，確保內部控制制度之設計有效與落實執行。為督導公司建置完善之內部稽核制度，審計委員會宜檢視內部稽核單位是否配置足夠之專業人力與相關資源，應參與內部稽核主管之選任與解任，且宜參與內部稽核主管之考績評定與薪酬決定，以維持內部稽核之獨立性與專業性。審計委員會宜定期與內部稽核主管溝通，且每年至少有一次在管理階層不在場的情形下，與內部稽核人員討論內部稽核之重要議題，並評核內部稽核之有效性，以維護內部稽核作業之品質，確保內部稽核職能有效發揮。

5.1 內部稽核之建置

■　內部稽核之目的，在於協助董事會及管理階層檢查及覆核內部控制制度之缺失及衡量營運之效果及效率，並適時提供改進建議，以確保內部控制制度得以持續有效實施，及作為檢討修正內部控制制度之依據。

■　內部稽核單位隸屬董事會，按金融監督管理委員會發佈之「公開發行公司審計委員會行使職權辦法及公開發行公司建立內部控制制度處理準則」的規定，內部稽核主管應列席審計委員會及董事會報告，而內部稽核計畫須報審計委員會審議，並經董事會通過。

■　審計委員會擔負與內部稽核相關之功能性職責可包括：

　●　同意內部稽核規程或實施細則。

　●　同意內部稽核單位依風險評估結果擬訂之年度稽核計畫。

- 聽取內部稽核主管報告內部稽核執行結果及其他內部稽核相關重要事項。

- 同意內部稽核主管聘任及解任案，並提報董事會決議。

- 詢問管理階層及內部稽核主管，確認稽核範圍或資源是否有受限之情事。

- 參與內部稽核主管之績效考核及薪酬調整之擬議。

- 參與內部稽核年度預算之討論。

國內外實務分享

國外審計委員會實務指引手冊建議將內部稽核作業分為「稽核作業」與「日常行政作業」兩類，採用雙重報告系統，涉及內部稽核工作之稽核作業，報告對象為審計委員會召集人；一般日常行政作業，實務上則多向董事長報告。

5.1.1 內部稽核之專業能力

FAQ 1

審計委員會如何確保內部稽核人員具備專業能力以執行稽核作業？

答 審計委員會可採取下列措施，確保內部稽核人員具備執行業務之相關知識與技能：

- 內部稽核人員是否具有相關專業證照（如內部稽核師），是否持續進修與內部稽核相關之知識與技能。

■ 於檢視年度稽核計畫時，同時評估內部稽核單位是否具備執行稽核工作所需的技能。

■ 當缺乏特殊專業人員執行稽核工作時，審計委員會可請內部稽核主管向公司要求提供外部資源的支援。可能需要外部專業人員協助之特殊領域包含：資訊科技、電腦稽核、衍生性金融商品交易，或特殊產業及國家、地區之稽核。

■ 當公司需長期依賴外部特殊專業人員時，審計委員會可建議董事會為內部稽核單位招募所需之專業人員，或安排現有內部稽核人員進行在職訓練。

■ 在審查內部稽核單位年度預算或其他適當時機時，審計委員會可要求內部稽核主管報告其單位人員參加特殊專業領域訓練及研討課程之內容及次數，並評估是否適當與足夠。

國內外實務分享

若審計委員會評估之結果顯示：內部稽核人員之能力不足以適當執行業務時，審計委員會可要求內部稽核主管尋求會計師事務所或其他專業機構，提供必要的會計準則知識或其他專業技術能力之訓練。

FAQ 2

審計委員會如何評估內部稽核單位之人力與資源是否足夠？

答 依據國內相關守則及辦法，上市上櫃公司可依其規模、業務情況、管理需要以及法令遵循規定，評估內部稽核資源是否足以達成內部稽核作業之目的。除考量上述因素及內部稽核之範圍外，審計委員會可依據內部稽核之工作品質（包括專案稽核）、詢問並參考內部稽核人員

之建議，以評估內部稽核單位之人力與預算是否足以支持內部稽核單位執行必要的稽核工作。

國內外實務分享

審計委員會委員可以從內部稽核所提供的資訊是否充足、投入查核時數，並與同業比較，來判斷人力是否足夠。在資源方面，內部稽核預算通常為公司營業預算之一部分，由於審計委員會較公司管理階層更能客觀評估內部稽核所需之資源與預算，故國外有公司之內部稽核預算是由審計委員會審議後，再送董事會通過之實務做法。

5.1.2 內部稽核之獨立性與客觀性

FAQ 3

審計委員會如何確保內部稽核維持其獨立性及客觀性？

答 審計委員會可藉由下列措施，增加內部稽核單位之獨立性與客觀性：

- 促使內部稽核規程或實施細則經董事會核准。（可參考附件 5-1 內部稽核規程範例）

- 內部稽核主管提出辭呈時，宜與其面談並探索離職原因。

- 評估內部稽核主管之職級是否適當。

- 參與內部稽核主管績效之評估，提供董事會做績效及薪酬核定之參考。

- 確保內部稽核單位資源充足，且與被稽核單位保持獨立性。

- 確保內部稽核單位在其職權範圍內，可合理取得或閱讀公司文件紀錄及相關資訊。

- 每年至少一次單獨和內部稽核主管及人員溝通，確認內部稽核人員在稽核過程中未遭遇到不合理之刁難及限制，並確定稽核單位發現之重大缺失或弊案無未被揭露情事。

- 促使內部稽核參與高層會議（如經營會議）。

- 提供內部稽核主管與審計委員會成員直接的溝通管道。

5.2 內部稽核主管之任免、考評與薪酬

- 公開發行公司內部稽核主管之任免，須經審計委員會同意，並經董事會決議。

- 審計委員會應參與公司內部稽核主管之任免，且宜參與其人事考評、決定薪酬。

5.2.1 選任內部稽核主管之考量因素

FAQ 4

審計委員會選任內部稽核主管宜考量哪些因素？

答 選任內部稽核主管可考量之因素如下：

- 專業、客觀、正直

- 具備管理能力及領導特質。

- 熟悉內部稽核準則、程序及方法，且領有專業證照。

- 了解內部控制、風險管理及財務會計領域之相關內容。

- 具備相關產業經驗與知識。

5.2.2 內部稽核主管之考評與薪酬

FAQ 5

內部稽核主管之考評及薪資報酬由誰決定？

答 為兼顧公司行政效率與稽核人員之獨立性，公司董事會可授權予不會干擾或限制稽核人員獨立執行稽核業務之董事會成員，負責內部稽核人員之行政督導；而內部稽核人員之稽核專業督導，則宜由審計委員會擔任。且審計委員會宜參與內部稽核主管之考績評定，其薪資報酬則宜由薪資報酬委員會決定，惟審計委員會得提供相關考評資訊，以作為薪資報酬委員會討論之參考。

國內外實務分享

國外實務指引手冊建議審計委員會應參與內部稽核主管績效之考核，且建議由審計委員會參與決定內部稽核主管及人員之薪資報酬。

5.3 內部稽核計畫

■ 公司內部稽核除須按照風險評估結果及法律規範擬訂年度稽核計畫外，至少可將下列事項列為年度稽核計畫之項目：

● 法令規章遵循事項。

● 重大財務業務行為之控制作業，如：取得或處分重大資產、從事衍生性商品交易、資金貸與或為他人背書或提供保證，以及關係人交易之管理等。

- 對子公司之監督與管理。

- 董事會、審計委員會，薪酬委員會及其他功能性委員會議事運作之管理。

- 財務報告編製流程之管理，包括適用國際財務報導準則之管理、會計專業判斷程序、會計政策與估計變動之流程等。

- 資訊及通訊安全檢查與管理，如：客戶資料保密管理、員工保密教育等。

- 重要營業循環，如：銷售及收款循環、採購及付款循環等。

FAQ 6

審計委員會如何評估內部稽核計畫所涵蓋之範圍是否適當？

答 公司內部稽核計畫宜涵蓋並因應公司主要風險。審計委員會可考量公司規模、行業特性、營運複雜度，並從市場及營運面評估及辨認公司整體風險及內部稽核風險等，確認內部稽核計畫是否適當。在同意內部稽核計畫之項目、範圍、程度前，可邀請相關人員列席並討論。

審計委員會可考量下列項目，評估內部稽核計畫之範圍是否適當：

■ 是否有嚴謹適當之風險評估流程以辨認主要風險。

■ 是否包含公司主要風險。（如營運風險、信用風險等）

■ 是否考量集團或公司之內部控制，以及財務、營運、法遵及資訊科技風險。

■ 是否對於以下情況有定期且適當之稽核：

(1) 高風險活動。

(2) 重大營運項目：

a. 對海外營運單位，考量當地公司治理實務與法規與當地管理人員素質。

b. 重大營運單位或事項。

c. 對合併報表有重大影響之營運單位。

d. 受高度管制之環境或產業的營運單位。

(3) 公司內部稽核無相關專業與能力而須委外的稽核項目。

(4) 前期重大稽核事項發現之後續處理措施。

FAQ 7

審計委員會應如何督導內部稽核單位監督子公司、合資企業或關聯企業？

答 ■ 對於子公司，審計委員會可檢視公司內部稽核單位是否執行下列控制作業：

(1) 根據子公司之業務性質、營運規模及員工人數，指導其設置內部稽核單位、訂定適當之內部控制制度及內部控制制度自行評估作業之程序及方法，並監督其執行。

(2) 將各子公司納入內部稽核範圍，定期或不定期執行稽核作業。

(3) 要求子公司將專案稽核計畫、年度稽核計畫、實際執行情況以及發現內部控制缺失及異常事項改善情形等情事向母公司報告。

(4) 覆核子公司之稽核報告或自行評估報告，並追蹤其內部控制缺失及異常事項改善情形。

■ 對於海外之子公司、合資企業或關聯企業，審計委員會宜注意地域及法規差異所造成之內部稽核風險，並確認集團內部有檢視海外關係企業稽核流程和稽核報告之制度。

■ 對於合資企業，審計委員會宜建議管理階層在簽訂合資契約時納

入有權稽核之條款，或至少要求合資對象應出具簽證會計師之年度查核報告。

● 對於關聯企業，審計委員會宜考量該關聯企業對母公司財務報告的重大性，並評估是否需要進行外部審計。

5.4 內部稽核之報告

FAQ 8

審計委員會對於內部稽核出具之報告需注意哪些事項？

答 對於內部稽核單位出具之稽核報告，審計委員會宜注意下列事項：

■ 根據稽核工作之發現，評估所做出之結論是否合理。

■ 瞭解內部稽核評估之依據，並確認其是否有達成審計委員會平衡控制與效率之要求。

■ 進一步了解管理階層認為有疑義之稽核發現與建議，並採取必要之行動。

■ 對於稽核所發現的問題，詢問其問題之根源，並確認已妥善處理。

■ 評估管理階層是否適切回應內部稽核發現之風險。

■ 評估管理階層所承擔風險的重大性及其影響。

FAQ 9

審計委員會應如何回應及追蹤內部稽核之重大發現事項，並尋求管理階層進行改善？

答 內部稽核人員如發現公司有重大違規情事，或可能遭受重大損害時，按規定應立即做成報告並通知獨立董事。審計委員會可要求公司管理

階層對重大發現事項提出因應措施，評估管理階層之建議及回應，監督內部稽核單位追蹤稽核建議改善情形，並作成紀錄、持續追蹤至改善為止。

5.5 評核內部稽核之有效性

FAQ 10

審計委員會如何評核內部稽核運作之有效性？

答 審計委員會可從內部稽核單位所提供資料及報告，及相互間之互動學習經驗，來評估內部稽核之效率及表現。審計委員會並可以內部稽核規程及其實施細則為本，評估內部稽核之有效性。

■ 委員會可向簽證會計師了解內部稽核之工作品質，協助判斷內部稽核之有效性。

■ 審計委員會亦可藉由下列指標評估內部稽核之有效性：

● 稽核計畫之完整性，以及其與公司策略與公司主要風險之連結。

● 是否按稽核計畫及時執行稽核工作。

● 報告及溝通之品質。

● 內部稽核人員之適任性。

● 稽核計畫之資源配置及組合之適當性。

● 內部稽核為公司創造價值之方式。

● 內部稽核增進公司流程改善及建立持續改善之文化之影響程度。

更詳細項目之探討，可參考**附件 5-2：內部稽核有效性參考評量表**。

國內外實務分享

> 除上述事項，審計委員會可評估以下事項，必要時審計委員會可請
> 管理階層、法令遵循單位及/或會計師對之提出報告，以確保內部稽
> 核能有效的運作：
>
> ■　與風險評估及風險管理相關之公司政策和制度。
>
> ■　與法令遵循、道德守則和利益衝突相關之公司政策和制度。
>
> ■　重大利益衝突、違反道德守則或舞弊之案件。
>
> ■　公司與市場監理機構間之重大議題。
>
> ■　公司涉入之重大法律爭訟。

FAQ 11

審計委員會可否委託外部機構評核內部稽核之工作？

國內外實務分享

> 實務上，國外有公司至少每五年聘請外部獨立且適任之機構或專
> 家，對內部稽核進行全面之評核。亦可對內部稽核單位所做的內
> 部自行評核及報告進行驗證。內部稽核主管宜將外部評核結果，
> 向董事會或審計委員會報告。

5.6 內部稽核與相關單位之關係

5.6.1 內部稽核與簽證會計師之關係

FAQ 12

內部稽核與公司簽證會計師之關係為何？

答 內部稽核單位執行內部控制制度之稽核業務，公司簽證會計師評估公司財務報導流程之設計及執行運作之有效性，確保財務報告允當表達。

若內部稽核與簽證會計師工作有重疊時，審計委員會宜檢視簽證會計師在執行業務依賴內部稽核工作之程度，並要求內部稽核與簽證會計師共同合作，減少工作重疊情形。審計委員會於簽證會計師發現並報告內部控制制度有顯著缺失時，除積極監督改善缺失外，宜向董事會報告。

5.6.2 內部稽核與公司其他內部遵循單位之關係

■ 內部稽核單位之功能係確保公司內部控制制度之運作及執行之有效性，其業務報告係對審計委員會及董事會負責。然而公司內部尚有其他內部遵循單位（如：法令遵循、職業道德、安全和風險管理），其功能係維持公司策略與營運之有效性，其報告對象為公司管理階層。但內部稽核仍須評估與公司其他內部遵循單位相關之內部控制執行有效與否，並併入內部稽核一般或專案查核辦理。

■ 當公司有其他內部遵循單位時，審計委員會宜釐清內部稽核單位與該內部遵循單位之連結，以利其對重大風險和控制議題之監督和報告。

■ 為評估內部稽核單位與其他內部遵循單位間運作之有效性，審計委員會宜要求內部稽核主管匯報對該內部遵循單位業務之稽核發現，並確認過程是否已涵蓋：

- 檢視其他內部遵循單位之會議紀錄。

- 檢視其他內部遵循單位執行程序的充份性。

- 檢視其他內部遵循單位之業務報告。

5.7 內部稽核相關事項之溝通

5.7.1 審計委員會與管理階層之溝通

FAQ 13

審計委員會如何與公司管理階層溝通、協調對於內部稽核建置相關事項之歧見（如：組織規模、分配資源）？

答 若審計委員會與管理階層對於內部稽核之建置有歧見時，審計委員會首先須瞭解公司管理階層所持之原因及理由。其次，審計委員會可請公司內部稽核人員、會計師或其他相關人員列席審計委員會會議，就內部稽核建置提供相關之資訊，並於議事錄中記載列席人員發言摘要，並進行討論或作成決議。

審計委員會亦可諮詢董事長，並對內部稽核建置之歧見進行討論，若有必要，亦可在董事會提出相關議題，敘明內部稽核建置之歧見對審計委員會行使職權可能造成之影響，在董事會中討論，並作出決議。

FAQ 14

審計委員會如何排解內部稽核單位與管理階層間，對於改善內部控制缺失之歧見？

答 審計委員會宜先對內部控制之缺失及改善建議有全面性之瞭解，再以發現之證據及超然獨立之立場，與相關單位主管坦誠溝通。若有必要，亦可先聽取具相關知識及背景之外部專業人士之建議。若產生歧見之事項較為敏感、有高階管理階層涉入或情況特殊時，亦可選擇提報董事會或啟動審計委員會評估或調查作業。

5.7.2 審計委員會與內部稽核之溝通

FAQ 15

內部稽核應定期與審計委員會溝通之項目有哪些？

答 按我國法令規範，內部稽核主管應將內部稽核計畫及執行情形，除定期上網向櫃買中心、交易所等單位申報外，亦應定期向審計委員會及董事會提出報告。報告內容可包含與舞弊相關之風險與控制、治理問題以及管理階層與董事會交辦要求之事項。

國內外實務分享

國外公司實務建議內部稽核宜定期向審計委員會報告之事項如下：

- 年度稽核計畫執行之進度。

- 稽核作業之主要發現與改善建議。

- 尚未完成之改善建議之執行狀況。

- 對於組織之風險管理、內部控制及公司治理流程之適切性與有效性所提出的獨立與客觀之觀察與建議。

- 組織重大曝險與內部控制缺失之資訊。

■ 事件報告,例如安全或資訊科技之缺失。

- 因應審計委員會之要求,蒐集與風險管理、內部控制及公司治理流程相關之資訊。

■ 內部稽核人員及預算是否足以執行稽核工作,以及內部稽核業務之範圍。

FAQ 16

審計委員會與內部稽核溝通之管道有哪些?頻率為何?

答 審計委員會須定期與內部稽核主管溝通。審計委員會應每季至少召開一次會議,內部稽核主管應在審計委員會上報告稽核工作之進度、結果、發現及建議,以及先前建議被執行之結果。內部稽核主管亦須列席董事會報告。此外,內部稽核每年至少有一次須在管理階層不在場的情況下與審計委員會溝通。

除定期溝通外,若公司之內部控制有重大缺失或異常情事,內部稽核主管應立即通知審計委員會成員,並建立不定期正式或非正式溝通之管道,如電話、電子郵件或面談。

國內外實務分享

> 內部稽核主管向審計委員會報告時，審計委員會可要求管理階層離場，以維持內部稽核之獨立性。此外，於非審計委員會開會期間，審計委員會亦可透過公司治理人員之安排與內部稽核進行溝通。

5.8 重要法規、守則與參考範例

　　本章除參考國內外相關機構之專業出版品外，亦參考我國相關法令、守則及範例。相關法令、守則茲整理如下，讀者請注意法規之更新。

1.	證券交易法
2.	公開發行公司審計委員會行使職權辦法
3.	公開發行公司建立內部控制制度處理準則
4.	公開發行公司建立內部控制制度處理準則問答集
5.	上市上櫃公司治理實務守則
6.	內部稽核實務守則（中華民國內部稽核協會）

附件 5-1 內部稽核規程範例

內部稽核制度

內部稽核之目的在於協助董事會及經理人,檢查及覆核內部控制制度之缺失,評估營運的效果及效率。○○公司內部稽核單位隸屬董事會,依循公司既定之內部稽核規程及相關政策、制度,執行內部稽核業務。每年底依據風險評估結果擬定次年稽核計畫,提報審計委員會審議及董事會通過後,並以網際網路資訊系統申報主管機關備查。

○○公司內部稽核組織及運作

壹、內部稽核組織

一、本公司為加強公司治理、強化內部控制與稽核制度,於董事會設稽核處,置稽核長一人、主任級稽核、高級稽核、稽核○人至○人、工程師、管理師或專員○至○人。

二、本公司稽核長之任免應提報審計委員會同意並經董事會通過。一般內部稽核人員之任免、考評、薪資報酬由稽核主管簽報董事長核定。

三、獨立性及客觀性

內部稽核需具備足夠之獨立性,以確保內部稽核執行之客觀性。當內部稽核之獨立性或客觀性受損時,審計委員會應介入溝通,以維持內部稽核運作之獨立性與客觀性。

四、內部稽核之責任

內部稽核應檢視公司相關風險管理、內部控制及法令遵循,及為達到組織營運目標之績效品質。該責任係為維持公司之營運

及永續。

五、稽核目的

在於協助董事會及經理人檢查及覆核內部控制制度之缺失及評估營運之效能及效率，並適時提供改善建議，以確保內部控制制度得以持續有效運作，並作為檢討修正內部控制制度之依據。

貳、內部稽核運作

一、內部稽核計畫

內部稽核主管每年第四季依據風險評估結果擬定次年稽核計畫，提報審計委員會審查及董事會通過後，以網路資訊系統申報主管機關備查。

二、稽核範圍

包含內部控制制度企業層級及作業層級執行情形之稽核，以及內部控制制度自行檢查之覆核。內部稽核有責任維持紀錄及文件資訊之機密性，並確保其保存完善，並被授與權力可取得及接觸稽核所需的組織內資訊、實體財產及人員；公司內部員工應協助提供相關資訊方便稽核業務之執行。同時，內部稽核也應有暢通之管道接觸審計委員會及董事會。

三、稽核對象

包含本公司各單位、所屬分支機構及子公司。

四、稽核方式

1. 每年年底前應依風險評估結果擬訂次年度之稽核計畫，提報審計委員會審查並經董事會通過，並以網際網路資訊系統申報主管機關備查。

2. 稽核作業分為計畫性稽核及專案性稽核兩種。計畫性稽核係指定期性、經常性之稽核；專案性稽核則為不定期，因特殊目的所做之個案稽核。

3. 執行內部稽核需釐定稽核程序，編製稽核計畫，包含稽核項目、時間、程序及方法等。

4. 稽核人員執行稽核作業時，受查單位需充分配合與協助，對要求提供之有關文件、資料，應及時提供，不得拒絕或拖延。

五、稽核報告

1. 執行稽核作業後應將稽核過程相關資訊做成稽核工作底稿，並應提出稽核結果之書面報告。

2. 稽核報告應力求客觀、明確、簡潔，並具建設性及時效性。

3. 稽核報告於陳報審計委員會同意及董事會通過後需加以追蹤，並至少按季作成追蹤報告，以確定相關單位業已及時採取適當之改進措施，直到完全改善為止。

4. 於會計年度終了後二個月內，應將前一年度之稽核計畫執行情形，以網際網路資訊系統申報主管機關備查；而於會計年度終了後五個月內，應將前一年度內部稽核所見內部控制制度缺失及異常事項改善情形，亦以網際網路資訊系統申報主管機關備查。

六、品質保證及改善計畫

1. 定期檢視內部稽核品質保證及改善計畫，俾使內部稽核之運作能與時俱進，並符合內部稽核準則及相關職業道德規範。

2. 內部稽核主管應與管理階層和審計委員會頻繁坦率溝通。

附件 5-2 內部稽核有效性參考評量表

評量事項	是	否	備註
內部稽核計畫與工作規劃			
1. 內部稽核人員是否有一正式以風險為基礎之稽核計畫？			
2. 稽核方法是否支持年度及長期稽核計畫之發展？			
3. 審計委員會是否至少每年審閱內部稽核計畫一次？			
4. 稽核計畫是否有足夠之彈性以因應未事先看見卻發生的風險？			
5. 內部稽核在規劃稽核工作時是否評估管理階層對內部稽核之態度？			
6. 稽核計畫是否包含書面計畫及整體執行規劃？			
內部稽核功能之執行			
7. 內部稽核人員是否有效率及有效能地完成稽核計畫？			
8. 管理階層是否尊重內部稽核人員之功能？			
9. 內部稽核部門之規模及架構是否足以因應公司營運之需求？			
10. 內部稽核之程序是否包含營運面及財務面？			
11. 內部稽核人員之經驗是否足以因應稽核之執行？			
12. 內部稽核是否客觀？			
13. 稽核成員之專業是否足以支持其履行職責？			

14. 內部稽核部門是否有適當之員工訓練計畫？

15. 內部稽核人員中是否有具備科技背景之員工，以因應組織內與科技相關之稽核工作？

16. 稽核工作是否已被適當地安排？

內部稽核報告

17. 稽核報告之對象及類型是否適當？

18. 是否定期出具稽核報告？

19. 稽核報告中是否提供管理階層採取有效行動之細節？

內部稽核事項之溝通

20. 管理階層對於內部稽核之重大建議和發現之回應是否適當且即時？

21. 內部稽核人員是否願意提供簽證會計師有關稽核之相關文件資料？

22. 內部稽核人員與簽證會計師溝通是否順暢？

23. 簽證會計師之特別查核項目與範圍是否與內部稽核、管理階層共同規劃？

24. 內部稽核之協助是否增進會計師年度查核工作之有效性？

內部稽核工作之評估

25. 如何能極大化內部稽核未來之效率及效能？

26. 是否執行定期之同儕覆核以強化內部稽核人員之監督？

27. 建立及排序稽核計畫所使用之標準是否適當？

28. 內部稽核工作是否集中在高風險、判斷性及敏感性事項？			
29. 內部稽核對於內部控制、舞弊風險及法遵事項的認知是否適當？			
30. 內部稽核規程是否被評估為適當？			

第六章 財務報告

6.0　重點摘要　　　　　　　　　　　　　　　　　　198

6.1　審議財務報告之責任　　　　　　　　　　　　　198

6.2　監督財務報告之編製　　　　　　　　　　　　　202

6.3　如何審議財務報告　　　　　　　　　　　　　　205

6.4　其他財務報告相關事項　　　　　　　　　　　　211

　　6.4.1　與管理階層、簽證會計師之溝通　　　　　211

　　6.4.2　監督公司對主管機關相關詢問之回覆　　　211

　　6.4.3　監督管理階層提出之書面聲明　　　　　　212

6.5　重要法規、守則及參考範例　　　　　　　　　　213

　　附件 6-1 涉及會計估計之常見會計項目參考注意事項　214

　　附件 6-2 管理階層書面聲明宜包含之參考內容　　　216

　　附件 6-3 管理階層舞弊與財報不實對審計委員會的挑戰　218

6.0 重點摘要

　　審議財務報告係審計委員會最重要的職責之一，在現行法的規範下，審計委員會成員就財務報告之審議，責任十分重大，因此審計委員會成員宜具備基本之會計財務專業知識，俾利執行審議財務報告之責任。首先，審計委員會應監督公司建立編製財務報告的機制，確保公司財會部門有足夠之能力及資源編製財務報告；再者，於審議財務報告時，審計委員會應盡專業上之注意，與管理階層及會計師討論，評估公司財務報告之編製是否遵循及符合相關法令規範及專業準則、是否允當表達公司營運狀況與經營結果。審議過程中，可與管理階層、簽證會計師討論可能影響財務報告表達之重大事項及其會計處理規範及建議。

6.1 審議財務報告之責任

■　審計委員會負有審議財務報告之責任，宜瞭解公司會計政策之適用及其影響範圍，監督財務報告之編製遵循相關準則規範，且允當表達公司營運狀況與經營結果。

FAQ 1

公司之財務報告經法院認定其主要內容有虛偽或隱匿情事時，審計委員會成員（獨立董事）是否有法律責任？

答　依照公司法之規定，董事為公司負責人，應盡善良管理人之注意義務及忠實義務；公司財務報告若有不實，公司董事及相關人士應負法律責任。一般來說，檢察官通常不會輕易追訴獨立董事財務報告不實之刑事責任，除非獨立董事參與公司弊案與不實財務報告之編製。但從財務報告使用人民事求償角度而言，若財務報告之主要內容有虛偽或隱匿之情事，獨立董事除非能向法院證明自己就財務報告之審議已盡

相當注意，且有正當理由可相信其內容無虛偽隱匿之情事，否則依法應負損害賠償責任。這就是我國目前證券交易法第 20 條之 1 為保護證券市場的投資人，對於財務報告主要內容有虛偽或隱匿之情事時，對董事之責任採用推定過失責任。

國內實務分享

在國內實務運作上，投保中心遇到財務報告不實的案件時，對於在不實財務報告所涉期間內曾擔任公司董事者，包括獨立董事，往往全部提告，甚至假扣押董事財產，於訴訟中再由獨立董事自己向法院證明已盡相當注意，此舉對於董事產生相當大的訴訟壓力。

財報不實案件之被告董事則常提出以下理由，主張自己沒有責任：

- 我沒有參與假財務報告編製，對財務報告不實不知情。

- 我只是人頭，從來不出席會議，也不管公司事務。

- 我是獨立董事，是外部人，沒有參與公司經營。

- 我沒有出席該次會議，也未曾於財務報告上簽章，自然不用負責。

- 公司依專業分層負責，財務報告不是我編製的，我自然沒有責任。

- 會計師已就財務報告查核簽證，會計師認為沒有問題，我自然看不出來。

- 我沒有財會背景，我看不懂財務報告。

- 我沒有閱讀財務報告。

- 我已在會議中對財務報告提出質疑，表達反對意見。

- 季報依法無須經審計委員會與董事會決議，故季報不實董事沒

有責任。

■ 我很晚才就任，對於相關文件沒有足夠時間瞭解。

■ 我發現財務報告有問題，在會議中表達反對意見，並已向主管機關檢舉。

就目前多數法院見解，現行法並未區分獨立董事與一般董事的責任，因此被告不會僅因其為獨立董事就免責或責任比較輕。在上述被告所提出的各項理由中，法院認定董事已盡相當注意者僅有最後一項，意即獨立董事須在會議中表達反對意見並向主管機關檢舉，始有機會免負損害賠償責任；縱令被告董事已於會議中對財務報告提出質疑，表達反對意見，倘未依法提出檢舉，法院皆認為尚不足以說明其就財務報告審議已盡相當之注意。

在目前情況下，審計委員會與董事會即使會計師已簽發無保留意見，董事仍需證明其已善盡相當之注意，所以董事須提出其已在審議財務報告時所採取之作為，並留下會議記錄。但如果因為公司高層舞弊，因而製作不實財報以為掩飾，而會計師查核時亦未查出，且給予無保留意見時，董事未必能知悉財報不實之情事，因此也不可能在會議中表達反對意見或提出檢舉，如何證明其在審查財報當時就已經善盡責任成為一大挑戰。

法院認為，只要是公司依法公告申報的財務報告或財務業務文件之主要內容若有不實，包括獨立董事在內的公司負責人均應負相應的法律責任，法院不會因為財務報告未經會計師查核簽證（如僅由簽證會計師核閱之季報），或未經審計委員會與董事會決議，即免除或減輕董事之責任。近幾年，諸多學者專家在討論我國獨立董事制度如何進一步落實時，對我國現行法律在董事法律責任的設計上，認為存在許多問題需要討論及調整的空間。

國內外實務分享

美國德拉瓦州最高法院前大法官藍迪‧霍蘭(Randy J. Holland)指出，該州公司法141(e)規定「董事會成員或任何由董事會授權之委員會成員，在履行責任時，如善意信賴公司的紀錄，或善意信賴由公司主管或員工、董事會的委員會、或由其他認為具有專業能力及合理注意選擇之人或代表公司提出之資訊、意見、報告或聲明時，其信賴受到保護」。董事試著獲得各領域專業顧問的意見，是董事在決策時善盡注意義務的一個重要條件，因此董事善意信賴顧問、專家、或其他具有特別專業或適任之人，可以獲得法律上的保護，而不需承擔法律責任。信賴專家的建議是否適當，要符合二個要件：「董事合理相信該建議是在該顧問（或專家）的專業範圍內，以及該顧問是以合理注意的方式選出」。此一法規與做法是務實的認可董事或委員會成員開會時必須由公司主管或員工提供各種資料，而董事或委員亦無法具備各種領域的專業知識，所以需要善意信賴內部人員，或以合理注意方式選出的外部專家所提供的資訊、意見與報告等。

簽證會計師亦為公司選任之外部專家，審計委員會或董事可以信賴會計師根據專業規範所進行的財務報表查核，及查核後所提出的意見，但仍需要經過審慎的討論評估，才能決定是否通過。

國內外實務分享

為達成審議財務報告之職責，審計委員會宜具備下列知識或經驗，或可有助於早一步發現異常情形，降低公司財務報告不實發生的可能性：

- 審計委員會成員宜具有閱讀財務報告的能力，並且透過進修安

排，強化相關知識。國外實務亦建議審計委員會委員自我檢測評估其會計及財務知識之程度，若不具備相關之會計財務專業知識，建議在其任期內儘速修習財務會計及內部控制相關課程，以確保能盡職的執行審議財務報告之職務。（請參見第二章）

■ 審計委員會整體宜具備內部控制、風險管理與法令遵循之知識與經驗。國外實務並無要求每位審計委員會委員應具備會計或財務相關專業資格背景，但通常建議審計委員會之選任宜考量審計委員會成員專業知識與經驗之互補性，確保各成員能瞭解公司之營運和財務風險、財務報告編製及流程、公司之商業營運、公司所在地及營運地之產業訊息、政經情勢、及法律制度等。（請參見第二章）

6.2 監督財務報告之編製

■ 為有效監督財務報告之編製，審計委員會宜與管理階層、內部稽核人員及簽證會計師合作，及時取得重大影響財務報告編製之重要資訊，並定期或不定期與上述單位或人員溝通；於溝通時，審計委員會宜保持專業上合理之懷疑，以評估季度及年度財務報告之正確性與完整性。

FAQ 2

審計委員會如何監督公司編製正確、完整的財務報告？

答 財務報告之正確性與完整性，即財務報告及其附註之揭露內容無虛偽、隱匿情事。實務上，公司將編製財務報告之工作委派給管理階層，編製完成之財務報告須經會計主管、經理人及董事長依序簽名或蓋

章，並出具財務報告內容無虛偽或隱匿之聲明；而審計委員會與董事會則依法審議財務報告，對財務報告及其揭露之內容負責，因此審計委員會應盡職務上應有之注意，監督公司編製財務報告是否遵循相關準則、法令規範。

審計委員會於監督財務報告之編製時，宜儘量做到以下幾點，若真的發生財務報告不實，也有機會向法院證明自己已盡相當之注意，或可降低負擔責任之比例：

■ 審計委員會成員宜瞭解財務報告之編製流程，並持續瞭解公司與產業情形，才能及早發現異常情形。（請參見第二章）

■ 審計委員會成員若發現異常情形，即應採取適當措施。（請參見第四章）

■ 審計委員會宜確保財會部門具編製財務報告之專業能力與資源。（請參見第二章）

■ 審計委員會宜監督公司內部控制制度與吹哨者制度之有效運作。（請參見第四章）

■ 審計委員會宜確保內部稽核有充分之專業與資源執行稽核相關工作。（請參見第五章）

■ 審計委員會宜與簽證會計師保持良好之溝通，定期評估會計師的獨立性與工作品質，審視會計師是否有足夠的專業、經驗與是否投入足夠的資源進行財務報告查核。（請參見第七章）

■ 審計委員會宜確保公司治理人員或議事人員妥善記錄並保存其執行職務之各項文件、會議紀錄、工作底稿；審計委員會成員於必要時，宜自行保存與公司往來之郵件、通知與相關紀錄文件。

應特別說明的是，最後一項審計委員會成員留存執行職務各項資料很重要。實務上曾有被告的獨立董事主張公司財務報告不實之行為，均係主事者刻意隱瞞，被告雖在會前會中均一再以口頭、電子郵件要求公司提供財務及營運資訊與文件，但因公司推諉而難以行使職權等

語。但法院認為，遍觀公司之董事會會議紀錄，財務報告由全體出席董事照案通過，被告亦未提出任何證據證明其曾基於獨立董事身分以口頭、電子郵件要求公司提供相關資訊被拒絕，所以無法免責。

董事要能提出積極事證，證明自己在財務報告審議事項上，做了哪些事情達到注意義務，才有機會免責。由於公司財務報告不實被發現，通常都歷經數年之久，被告可能早已不是公司的董事，相關文件除董事會會議紀錄依法應永久保存外，其餘文件公司也未必留存，董事最好自行保存相關資訊，例如，若以口頭請求公司提供資料，事後也宜以電子郵件或書面加以確認。

FAQ 3

審計委員會如何確認財會部門有足夠之能力及資源編製財務報告？

答 公司財會部門的能力與資源影響財務報告編製之品質甚鉅，且對內部稽核運作及簽證會計師查核工作之品質，也有相當程度的影響。審計委員會可透過下列幾種方式來確認財會部門是否有足夠的能力與資源編製財務報告：

- 藉由與財會部門之互動，瞭解其是否熟悉財務報告及相關揭露之編製程序與相關法令規章。

- 評估財會部門工作之品質，如：錯誤之重大性及頻率、對問題之追蹤與因應、主管機關之審查意見及回覆。

- 詢問財會部門結帳及完成相關報表所需天數及人力。

- 詢問內部稽核人員及簽證會計師關於財會部門運作及工作品質之意見。

此外，審計委員會可要求公司選任及聘任會計主管與財務主管須遵循相關之程序及流程（如面試），並經審計委員會同意，確保會計主管與財務主管具相關專業資格及能力完成其職責。

6.3 如何審議財務報告

FAQ 4

審計委員會審議財務報告時,宜注意哪些事項?

答 審計委員會審議財務報告時,可選擇適合於公司情境的項目,詢問管理階層或財會主管,或要求彙整報告:

■ 公司財務報告之編製是否符合及遵循相關法規。

■ 公司財務報告之數字是否反映公司營運狀況,例如:

(1) 營收之表現是否與產業、市場或總體經濟狀況大體一致?

(2) 毛利及利潤與以前年度相比是否有重大異常?

(3) 存貨金額與以前年度相比是否有重大異常?

(4) 銷貨或進貨是否過度集中在少數客戶?

(5) 長短期投資是否與本業或策略相關?

■ 與管理階層、內部稽核單位及簽證會計師溝通可能影響財務報告允當表達之事項,例如:

(1) 會計政策之適當性。

(2) 會計估計及相關揭露。

(3) 影響資產與負債價值之因素。

(4) 關係人交易。(請參考第三章)

(5) 特殊目的個體。

(6) 集團財務報告。

(7) 會計師之審計調整。

(8) 財務報告及其相關揭露之完整性。

FAQ 5

審計委員會如何評估公司採用之會計政策是否合理適當？

(答) 會計政策係指企業編製及表達財務報告所採用之特定原則、基礎、慣例、規則及實務，亦即企業處理交易、編製財務報告的方法。審計委員會宜詢問財會主管或簽證會計師下列事項，以評估公司會計政策之採用是否合理適當：

- 會計政策是否符合依法適用之會計準則（如國際財務報告準則）？

- 會計政策之應用是否適合業務之性質。

- 會計政策之應用是否與同業一致？若否，其原因為何，係較同業積極或保守？

- 是否有其他替代的會計政策？若有，與現行會計政策相較，其對財務報告之表達可能造成什麼影響？影響金額為何？

- 會計政策是否適當揭露？

FAQ 6

當公司改變會計政策時，審計委員會宜注意哪些事項？

(答) 當公司改變適用之會計政策時，審計委員會首先宜先瞭解公司會計政策變動之起因。例如公司係主動改變會計政策，或係因財務報告準則或法規變動而被動改變會計政策，而後可要求公司財會部門彙報相關資訊，藉以比較新舊會計政策之差異，並瞭解新會計政策之潛在影響，避免因管理階層偏好特定會計政策而逕自改變。

審計委員會可要求財會主管及簽證會計師就下列問題提出說明或報告，主要包括：

- 當公司主動改變適用之會計政策時：

(1) 為何現在變動？若新的會計政策更能反映交易實質，為何以前年度不使用？

(2) 該會計政策是否有同業使用？是否為同業常用之會計政策？

(3) 簽證會計師對於公司改變會計政策之看法？

(4) 主管機關是否可能對公司改變會計政策有所質疑或保留？

(5) 改變會計政策對當年度及未來財務報告之影響？

(6) 改變會計政策是否可能對經理人薪酬以及債務條款造成影響？

(7) 若會計政策維持不變，將會對公司造成什麼影響？

■ 若因財務報導準則或法規變動所導致之會計政策變動：

(1) 公司首次適用時，當年度財務報告受影響之範圍及金額為何？

(2) 對公司未來年度財務報告可能造成之影響？

(3) 是否有未施行或研擬中的準則或法規可能對公司之財務報告造成影響？

FAQ 7

審計委員會如何評估會計估計是否合理可靠？

（答）會計估計係指財務報告中部分會計項目之金額須仰賴管理階層之主觀判斷及估計。會計估計往往隨時間、經驗及商業環境改變產生變動，因此審計委員會宜瞭解會計估計衡量及決定之過程，確保管理階層做出合理的判斷，使財務報告允當表達。審計委員會可要求管理階層、財會主管或簽證會計師對會計估計是否合理可靠提出說明或報告，主要包括：

■ 當期與前期涉及會計估計之主要項目。

- 會計估計之模型、假設及數據是否與公司業務或交易攸關。

- 本期會計估計之模型、假設及數據是否延續前期，是否具可比較性。

- 會計估計之模型、假設及數據之選擇符合法規及相關規範，並與產業慣例相符。

- 前期會計估計與實際結果之相符程度。

- 對前期之會計估計變動之追蹤。

- 公司是否有進行敏感性測試，以判斷不同之模型、假設、及數據可能對財務報告造成之影響。

審計委員會可交叉比對管理階層及簽證會計師提供之文件（如管理階層之書面聲明、簽證會計師關鍵查核事項），確認涉及會計估計之主要項目是否一致、合理。其他涉及會計估計之常見會計項目，審計委員會可參考附件 6-1 之注意事項，評估其會計估計是否合理可靠。

FAQ 8

審計委員會如何評估財務報告中資產或負債之價值是否合理可靠？

答 資產或負債應以合理之帳面價值記載於財務報告中，方能允當呈現公司的財務狀況。審計委員會可要求管理階層、財會主管或簽證會計師對資產或負債之價值是否合理可靠提出說明或報告，並參考下列因素綜合評估：

- 資產項目是否具有相關之權利證明文件，且取得該項資產是否附帶條件。

- 負債項目是否具有相關契約等證明文件，且是否在符合一定條件後始須償還負債。

- 考量不動產、廠房、設備資產或無形資產之折舊（攤提）方法、耐用或經濟年限、估計殘值之過程和基礎，並與前期及同業比較。

■ 其他宜考量之因素包括：市場價值的變動、管理階層持有資產或償還負債的意圖、經濟及產業情形改變對資產或負債價值可能造成之影響，及相關評價是否遵循適當且攸關的會計準則等。

FAQ 9

若公司所屬法體架構中有特殊目的個體，審計委員會宜注意哪些事項？

答 若公司所屬法體架構中有特殊目的個體時，審計委員會可請管理階層、財會主管或簽證會計師提出說明或報告，並注意下列事項：

■ 公司採用此複雜投資架構之目的為何？

■ 實務上是否有其他代替特殊目的個體之方案，亦可達成相同之目的？

■ 此種架構之使用是否符合法規或與公司企業形象相符？

■ 對公司整體風險與報酬、以及淨利與現金流量之影響為何？

■ 特殊目的個體之透明度及監督機制為何？

FAQ 10

審計委員會審議合併財務報告時，宜注意哪些事項？

答 審議合併財務報告時，審計委員會宜請財會主管與簽證會計師針對下列重大事項及其處理情形列席說明或報告：

■ 說明公司投資架構圖，以瞭解合併報表涵蓋範圍。

■ 母公司之稽核人員是否有盡職稽核子公司或複核子公司稽核作業？

■ 集團中所有公司是否採用相同之會計政策？

■ 辨識子公司財務報告中涉及重大主觀判斷和會計估計之科目，並

瞭解這些科目對合併財務報告之影響。

- 子公司所有重要事項或交易是否揭露並適當的表達？

- 母子公司之簽證會計師是否為同一簽證會計師或事務所聯盟？若否，子公司簽證會計師之審計品質是否值得信賴？

- 子公司簽證會計師是否對子公司之財務報告出具保留意見？若是，其是否影響合併財務報告？

- 若有收購或處分子公司之情形，合併財務報告中是否有適當之揭露及說明？

- 是否定期進行商譽之減損測試，並在合併財務報告中做適當之揭露與說明？

- 若集團為製造業或買賣業，須注意集團內公司未實現銷貨收入與存貨銷售情形。

FAQ 11

審計委員會對於查核工作完成後之審計調整宜注意哪些事項？

 ■ 審計調整係簽證會計師在查核工作完成後，對於公司編製之財務報告數字所建議之調整。由於公司可能利用會計手法美化財務報告數字以達成預先設定之績效指標，審計委員會對於簽證會計師之審計調整應予以重視。

- 審計委員會與簽證會計師討論審計調整時，宜請會計師就下列事項提出說明或報告：

  (1) 審計調整之原因、分類、金額、及出現之頻率，尤其是金額重大或金額不高但出現頻率高之調整事項。

  (2) 審計調整是否隱含重大內部控制缺失，而可能導致當期或未來財務報告有不實表達之風險？

  (3) 是否有簽證會計師發現之未更正錯誤之項目，但管理階層認

為不重大？

(4) 審計調整之成因是否存在已久，前期財務報告是否亦受影響？

(5) 審計調整對當期及未來財務報告之影響為何？

6.4 其他財務報告相關事項

6.4.1 與管理階層、簽證會計師之溝通

FAQ 12

審計委員會如何處理管理階層與簽證會計師雙方對於財務報告相關事項之重大歧見？

答 審計委員會宜與管理階層、簽證會計師進行溝通與討論，及時解決雙方歧見。審計委員會可採取之措施如下：

■ 邀請簽證會計師說明產生歧見之交易或會計事項之本質及原因，以及該筆交易或會計事項對於財務報告之影響，並瞭解是否有替代之會計處理方式。

■ 評估管理階層與簽證會計師雙方提出之方式是否符合產業慣例、相關法規或與主管機關之意見，若有必要可諮詢相關專家。

6.4.2 監督公司對主管機關相關詢問之回覆

主管機關有時對公司有詢問事件，審計委員會對於與公司財務報告相關事宜，宜特別注意。

FAQ 13

審計委員會如何監督公司回覆主管機關對於公司財務報告相關事項之詢問？

(答) 若公司收到主管機關來函詢問公司財務報告相關事項，審計委員會宜要求公司立即採取因應措施，同步知會審計委員會成員函詢內容，並在期限內回覆主管機關。對於無法立即改善之事項，宜要求公司在一定期間內改善並追蹤，並定期向審計委員會回報主管機關詢問之事項。

審計委員會亦可與簽證會計師溝通，確認公司對於主管機關之回覆是否適當，以及公司採取之因應措施是否適宜。

6.4.3 監督管理階層提出之書面聲明

■ 書面聲明係指公司管理階層交與簽證會計師之書面文件，聲明公司已依照適用之財務報導架構編製允當表達之財務報告，內容無虛偽或隱匿，且公司已維持與財務報告編製有關之必要內部控制，以確保財務報告未存有導因於舞弊或錯誤之重大不實表達。

■ 書面聲明之事項用以提醒管理階層須為財務報告之允當表達負責，並再次確認簽證會計師從公司取得資料之正確性及完整性，以支持簽證會計師之查核工作，因此審計委員會宜監督管理階層提出之書面聲明，促使管理階層落實書面聲明中應負之職責。管理階層書面聲明宜包含之內容可參考附件6-2。

6.5 重要法規、守則及參考範例

　　本章除參考國內外相關機構之專業出版品外，亦參考我國相關法令、守則及範例。相關法令、守則茲整理如下，讀者請注意法規之更新。

1.	證券交易法
2.	公司法
3.	公開發行公司獨立董事設置及應遵循事項辦法
4.	公司治理問答集—審計委員會篇
5.	審計準則公報

附件 6-1 涉及會計估計之常見會計項目參考注意事項

涉及會計估計之常見會計項目，審計委員會可由下列注意事項，選擇適合於公司情境的項目，詢問財會主管或是簽證會計師，或要求彙整報告：

- 未收回之應收帳款：

    (1) 本期發生之壞帳費用金額為何？與上期之差異？

    (2) 決定備抵壞帳（預期信用損失）金額之方式為何？

    (3) 估計備抵壞帳之方法或假設（例如提列壞帳比率、帳齡劃分依據）是否改變？若有，為什麼？

    (4) 估計備抵壞帳之方法或假設與同業之比較？

- 存貨減損之評價：

    (1) 存貨之金額與數量與前期相比是否合理？

    (2) 公司採用何種程序或標準認定存貨為過時而須認列相關損失？

    (3) 若本期有認列存貨減損，其金額與前期之差異為何？

    (4) 是否有總體經濟、產業或科技創新之因素可能造成存貨滯銷或過時？

- 資產減損之評價：

    (1) 是否有定期做資產價值減損測試？

    (2) 資產減損測試所使用之模型及相關因子（如現金流量、折現率、成長率等）是否符合產業慣例、總體經濟、及商業狀況？

(3) 是否有仰賴外部專家進行評估？若有，是否有一套制度確保外部專家之獨立性及適任性？

■ 金融工具公允價值之衡量：

(1) 對於無活絡市場之金融工具，係用何種方法衡量公允價值？

(2) 對於金融資產公允價值之評價，相關之評價模型及因子是否符合產業慣例、總體經濟、及市場狀況？

(3) 是否有仰賴外部專家進行評估？若有，是否有一套制度確保外部專家之獨立性及適任性？

■ 或有事項：

(1) 本期是否有或有事項的發生（如專利訴訟、背書或擔保等）？

(2) 或有事項發生的可能性為何？

(3) 若或有事項發生，對公司造成的財務損失金額可能為何？

(4) 或有事項預期對公司未來幾期財務報告之影響為何？

(5) 管理階層對於或有事項之綜合評估以及決定在財務報告上之表達為何？

(6) 專家（如律師）對或有事項之意見為何？

附件 6-2 管理階層書面聲明宜包含之參考內容

　　依國外實務指引之建議，書面聲明須經審計委員會審議同意後，公司方可交與簽證會計師。我國雖無此一強制規定，惟可參考其書面聲明應記載之內容監督管理階層提供之書面聲明：

管理階層書面聲明宜包含之內容

■　財務報告之允當表達為公司管理階層之責任。

■　公司有適當的會計帳簿、紀錄以及內部控制系統，確保公司根據相關之會計準則及法規編製財務報告。

■　公司已提供全部財務與會計資料及全部股東會及董事會之會議紀錄。

■　公司所有交易事項皆已入帳。

■　公司已提供全部關係人名單及交易等全部相關資料，關係人相關資訊亦已按法規揭露。

■　公司已提供全部之期後事項，期後事項亦按法規已做調整及揭露。

■　公司確認無重大未估計認列或揭露之負債、或有負債及損失（例如：訴訟賠償、背書、承兌、保證等情事）。

■　若公司有違反法令或契約、發現舞弊或疑似舞弊、及接獲主管機關通知調整或改進財務報告之情事，公司業已調整及揭露。

■　公司無蓄意扭曲或虛飾財務報告之金額或項目之情事。

■　現金與補償性存款之運用及限制已全部揭露。

■　應收帳款之債權確實存在並已提列適當之備抵壞帳。

- 存貨確實存在並已適當地提列因呆滯、陳舊、過時、損壞或瑕疵產生之減損。

- 公司資產為合法之權利，若有提供擔保、或售後租回之情事業已全部揭露。

- 公司持有或出售各項投資之意向。

- 無重大未估列之負債。

- 若公司有提供承諾（例如：進貨、銷貨承諾），公司業已全部調整或揭露。

- 公司將短期債務轉為長期債務之意向及能力。

附件 6-3 管理階層舞弊與財報不實對審計委員會的挑戰

管理階層舞弊與監督責任的困境

　　台灣過去發生多起企業弊案，引發董事（包括獨立董事）遭受求償的的訴訟。此類弊案發展的過程通常涉及到企業高層（特別是企業經營者、負責人）進行非法或非常規的交易，如進行虛假交易或掏空公司等，然後虛飾報表掩蓋交易或者虛增盈餘，提高股價，再從股市獲利。弊案事實被發現之後，公司遭受損失，或是股價大跌造成股東大眾的損失，涉及違法舞弊的企業高層與相關人員，很可能因違法遭到刑事調查起訴與有罪判決。未參與違法行為也不知情之獨立董事，雖未成為刑事訴訟之被告，但大多會在民事求償訴訟中成為民事求償的被告。

　　獨立董事成為被告最常見的理由就是沒有善盡監督的責任與通過不實的財務報表造成股東的損失。前者隱含的邏輯就是獨立董事既然是公司的負責人之一，董事會負責監督經營團隊，公司高層出現弊案問題，當然是監督不周，獨立董事要負賠償責任。後者，是企業弊案過程中，涉案的企業高層必然會指示內部人員製作不實的財報以便掩飾非法與不合規的行為，既然財務報表不實但又經董事會開會通過，當然獨立董事也要負責賠償股東的損失。

　　就如前述，董事會是以定期或不定期的會議方式來討論公司的重大議案，包括制度的建立。董事會雖然有監督公司經營的責任，但公司的經營是透過組織的制度，分層負責。董事會不可能從董事長、總經理、一般經理人與員工逐一監督，而需要依賴制度，特別是內部控制制度的建立與運作。

　　根據金管會頒布之「公開發行公司建立內部控制制度處理準則」第三條所述：

　　「國內公開發行公司之內部控制制度係由經理人所設計，董事會

通過，並由董事會、經理人及其他員工執行之管理過程，其目的在於促進公司之健全經營，以**合理確保**下列目標之達成：一、營運之效果及效率。二、報導具可靠性、及時性、透明性及符合相關規範。三、相關法令規章之遵循。」

此條文係根據國際COSO委員會對於內控評估架構而來，也是個主要國家建立內部控制制度所依循的準則。在此一架構中，提到其中內控制度所提供「**合理確保**」，原文為「reasonable assurance」，也是基於內控制度的建置需要成本，以及制度上存在難以克服的各種限制。所以COSO委員會在內控的限制上特別強調「這些限制排除董事會與管理當局可以絕對確保組織目標的達成，也就是，內部控制提供**合理的確保**而不是**絕對的確保**」。而在COSO所列出達成內部控制目標的限制中包括，管理當局踰越內控的能力，管理當局與員工或其他單位合謀迴避控制機制，以及外在發生事件超過組織的控制能力。

如果企業弊案是由公司最高負責人或經營者所發動，就落入內部控制難以克服的限制，因為企業最高層通常無法由一般內部控制制度來處理。從實務上來說，如果是公司負責人違反法規，指揮公司內部管理人配合其共同犯案時，一定會規避董事會的監督，而且掩飾資訊，董事難以得知真正情況。所以COSO的規範係務實的面對此種情況，提醒各界內部控制本身有難以避免的缺陷。然而在台灣，一般人看到企業弊案發生時，並未深入了解與分析，多半是以直覺來判斷，認為既然是董事，當然要對監督不周負責，便造成了獨立董事馬上要面對的困境。董事既有監督的責任，但內部控制制度又無法絕對確保公司沒有問題，那董事究竟要做到什麼程度，才算善盡責任？這也成了訴訟中爭議的主要風險。

企業弊案與財報不實的責任

其次，在企業弊案中，財務報表不實是結果而不是原因，常見的

是企業高層因為個人私利進行違反法規的交易，而為了掩飾，才在財務報表上做不實的表達，來欺瞞董事會、投資人與其他利害關係人，造成傷害。造成傷害的主體是違法主事與參與弊案的當事人，而獨立董事因為董事會通過不實的財務報表所以也成為民事求償的被告對象。

就財報編製而言，財報的編製是一個專業的過程，上市櫃公司通常有專任的會計人員擔任，由會計部門編製完成後提供給會計師查核，並由董事會討論通過才公告。證交法第36條規定年度財務報表必須經過會計師查核簽證，董事會通過及監察人承認，而第一季、第二季、第三季財務報表需經會計師核閱及提報董事會。

財務報表的查核並不只是將財務報表的數字與憑證一一比對可以做到，而涉及到公司有關財務報表編製的制度與機制。我國經過多年的法規修改，目前上市櫃公司財務報告編製到董事會通過的整體機制包括：會計制度與內控制度的建立、交易資料的收集處理與報表編製，公司內部稽核的查核、會計師的聘任、會計師查核、會計師的溝通、查核報告的提出、財務報表的討論與通過等。整個過程是由董事會、經理人、經營業務單位、會計處、內部稽核處與外部會計師透過授權分工與合作來完成（參考圖一）。董事會與審計委員會原則上以集會的方式，負責內部控制制度的建立與評估、內稽主管的聘任、會計師的聘任與評估、與會計師溝通查核相關事項、討論並通過財務報表。其他涉及到財務報表編製與內容的各種執行的工作則由各相關單位負責。

如圖一所示，財報編製可分成三個階段，包括交易階段、帳務階段與審查階段。財務報表需要反映企業經營期間各種交易的財務結果，交易先要有決策授權。一般的交易通常有經營團隊根據事先的授權，而重大決策則要獲得董事會、董事長的同意，再交由各階經理或業務人員執行。交易執行時會產生或取得證明該項交易的憑證，由業務人員據以登入業務資訊系統。交易階段完成後，書面憑證（或登入業務資訊系統的資料）會由會計人員登入（由業務系統直接轉入）會計帳務系統，再定期（如按月、季、年）由財會人員編製財務報表，提供給管理階層及

董事會。季報由會計師核閱，而在審查年度財務報表時，則依法需要會計師簽證。通常由會計師在年度中間提出財報查核計畫與審計委員會討論，討論確認後再由會計師執行查核，會計師將查核的發現與報表所需的調整併入財務報表，於審計委員會報告並經委員討論通過後，再送交董事會做最後決議後由公司申報公告。

圖一：企業交易與財報編製審查流程

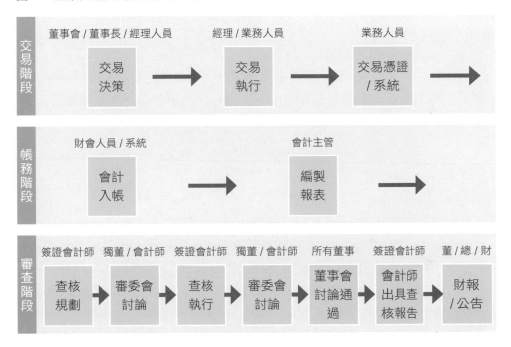

從制度上來說，董事會雖然有監督審查的責任，但本身不會參與報表的編製，因為一方面，財報編製是公司的日常業務，董事會並非業務執行單位也未必有會計專業，另一方面，董事會也不宜介入財務報表的編製，指揮會計人員，否則會有運用組織上的權威干涉報表編製的嫌疑。但是當年度財務報表完成時，董事會需要確認財務報表的編製符合法規與會計準則，所以需要延聘外部專業會計師來進行簽證查核的工作。

企業高層弊案的情形，通常是因為經營者或高階經理人在交易階段就謀劃虛假交易，指示知情或不知情的經理人或員工執行。為了掩飾虛假交易就會製作不實憑證，提供給會計人員入帳編製財務報表。進行虛假交易的高層人員，一定多方矇騙不知情的會計師與董監事，使得在後面審查階段的要發現虛假交易與不實財務資料的困難更加提高。然而財務報表既然經過董事會通過與監察人（未來由審計委員會取代）審核，董事對於事後被發現為不實的財務報告應該負擔什麼責任？要做到什麼程度才可以減少或免除民事賠償責任？此即為當前董事（包括獨立董事）最大的挑戰。

歸納言之，董事會與審計委員會對於公司的監督與財務報表的審議都須審慎關注，本書之編撰即在協助審計委員會成員執行職務時之參考，以降低未來訴訟的風險。

國外案例

美國德拉瓦州對於董事會的監督責任根深蒂固。該州最高法院前大法官Holland指出在2006年其最高法院做成的重要案例Stone v. Ritter案中，確認董監事的監督責任需要採用之前衡平法院在Caremark一案的標準，就是董監事需要承擔監督責任的必要條件：(1)董事完全沒有實施任何報告或訊息系統、或控制機制，或(2)已實施類似之系統或控制，但有意識地未監督相關機制的操作，造成董事未注意到可能的風險或問題。

而在Caremark案中，德拉瓦州衡平法院認為：

一般而論，當董事因忽視公司引發責任的行為，以致董事需為公司損失負責…此主張只有在董事會持續性與系統性地疏於監督---例如達到相當明顯為試圖去確保合理的資訊與通報系統的存在時---才會成立善意違反或欠缺，而此善意違反則係董事需負責之前提。

德拉瓦州最高法院指出，不好的結果並不總是惡意。董事善盡監督責任，也並不能排除公司員工不合法、甚至涉及刑事的行為，也不能使公司免於面臨重大的財務上的法律責任。所以最高法院審慎論述，認同衡平法院所認定的二個條件是董監事承擔監督責任的前提。

（引自 Randy J. Holland, 在台公司法演講集，p.30-31，p.43-44。）

第七章 簽證會計師

7.0 重點摘要 226

7.1 簽證會計師之角色與責任 226

7.2 簽證會計師之獨立性 227

7.3 簽證會計師之委任、解任及報酬 229

7.4 審計委員會與簽證會計師之溝通 233

  7.4.1 查核工作規劃之溝通 234

  7.4.2 關鍵查核事項之溝通 236

7.5 簽證會計師之其他溝通事項 237

  7.5.1 致管理階層函 237

  7.5.2 疑似發現舞弊相關情事 238

7.6 重要法規、守則與參考範例 239

  附件 7-1 簽證會計師獨立性、適任性暨查核工作
表現評估表釋例 240

7.0 重點摘要

　　簽證會計師查核財務報告以提供財務報告允當表達之合理確信，是審計委員會行使職權之得力幫手。選任及解任簽證會計師係審計委員會之職權，故審計委員會宜監督公司訂立簽證會計師之選任辦法與評估機制，而評估簽證會計師之獨立性與適任性係選任會計師之主要標準。審計委員會審議簽證會計師報酬時，應評估其合理性。審計委員會須定期與簽證會計師溝通，包括瞭解會計師之查核工作規劃，且每年至少有一次單獨與會計師討論查核工作及財務報告相關事宜。在簽證會計師查核工作結束後的溝通會議中，審計委員會宜向簽證會計師詢問其在查核工作過程中所關注之事項，及是否有內部控制缺失或與管理階層值得關注之處。

7.1 簽證會計師之角色與責任

　　簽證會計師以獨立與專業之角色查核公司之財務報表，其查核須根據相關法規與財團法人會計基金會所發佈之審計準則公報執行。簽證會計師對公司財務報表所簽發之查核報告書，對於財務報表是否允當表達提供查核意見，是財務報表是否得以信賴的重要文件。

FAQ 1

公司委任簽證會計師查核財務報告之目的為何？是否係以發現公司舞弊或不法行為為目的？

答　公司委任簽證會計師查核財務報告之目的在於提供「財務報告允當表達之合理確信」，並非以查出公司舞弊或不法行為為目的。亦即，簽證會計師的主要功能在於確認受查公司之財務報告是否依照適用之財務報導架構編製，且允當表達公司之經營結果與財務狀況。財務報告之編製為受查公司之責任，簽證會計師無法確認公司每筆交易之正確

性，也無法保證受查核公司的財務績效或負債清償能力。

7.2 簽證會計師之獨立性

■ 審計委員會在選任簽證會計師時，宜評估會計師之獨立性，因為簽證會計師若無法維持其獨立性，將影響其出具查核意見之公信力。

■ 審計委員會宜監督管理階層訂定簽證會計師之選任辦法，與評估簽證會計師之獨立性、適任性與查核工作表現之指標項目是否適當。

FAQ 2

審計委員會如何評估簽證會計師之獨立性？

答 ■ 審計委員會於評估簽證會計師之獨立性時，應將下列因素納入考量：

● 簽證會計師是否具有自我利益之衝突？係指簽證會計師經由受查公司獲取財務利益，或因其他利害關係而與受查公司發生利益上之衝突。

● 簽證會計師是否產生自我評估的情形？係指簽證會計師執行非審計服務案件時所出具之報告或所作之判斷，於執行審計服務過程中又作為查核結論之重要依據；或簽證會計師曾擔任受查公司之董監事，或擔任直接並有重大影響該審計案件之職務，如財務長、會計主管等。

● 簽證會計師是否曾為受查公司作出辯護？如簽證會計師曾為受查公司之立場或意見辯護，其客觀性可能受到質疑，應按會計師職業道德規範公報處理。

- 簽證會計師與受查公司之關係是否過於熟悉？係指簽證會計師與受查公司之董監事、經理人間有密切關係，使得簽證會計師可能過度關注或同情受查公司之利益，應根據會計師職業道德規範公報處理。

- 簽證會計師是否受到脅迫？係指簽證會計師承受或感受到來自受查公司或其他情事之恫嚇，使其無法保持客觀性及澄清專業上之懷疑。

■ 基於以上評估項目，審計委員會可要求簽證會計師按相關守則自我評估其獨立性，並定期提供獨立性之聲明。

■ 當簽證會計師同時對受查公司提供審計服務與非審計服務時，更可能影響簽證會計師或其所屬事務所之獨立性，因此審計委員會需要評估該等情況對獨立性之影響。當簽證會計師提供非審計服務而對獨立性造成重大影響時，審計委員會宜限制簽證會計師提供該非審計服務。

- 目前並無法規禁止簽證會計師所屬事務所對簽證客戶提供稅務諮詢、規劃、申報及處理稅務爭議等相關業務，也沒有提到稅務服務會影響簽證會計師在進行查核工作時之獨立性。

- 至於其他非審計服務如管理顧問服務、評價服務、內部稽核服務、短期人員派遣服務、招募高階管理人員、公司理財服務，則須就是否增加簽證會計師自我利益之衝突、是否發生簽證會計師自我評估之情形、簽證會計師是否曾為受查公司辯護、以及簽證會計師是否受到脅迫等，評估是否影響簽證會計師之獨立性。

■ 獨立性評估項目之細目可參考附件 7-1 簽證會計師獨立性、適任性暨查核工作表現評估表釋例。

國外實務分享

根據美國沙賓法(Sarbanes-Oxley Act)之規定，為避免影響簽證會計師之獨立性，美國採取較嚴格的限制，禁止簽證會計師提供受查客戶及其關聯企業以下服務：

- 記帳服務
- 設計與執行財務資訊系統
- 評價服務
- 精算服務
- 內部稽核服務
- 營運管理或人力資源服務
- 理財服務、投資顧問或投資銀行服務
- 與審計無關的法律服務

7.3 簽證會計師之委任、解任及報酬

FAQ 3

審計委員會在選任簽證會計師時，宜遵循哪些程序？宜考量哪些因素？

答 ■ 選任簽證會計師之遵循程序

簽證會計師之委任及解任為審計委員會之職責，法規並無明確規定公司應以何種程序或方式選任簽證會計師。審計委員會宜監督管理階層訂定簽證會計師選任辦法，包括選任程序及相關時間表、選任方式、選任原則、評估項目及指標、執行單位及資訊揭露等事項，以確保公

司選任獨立、專業與適任之會計師。

■　選任簽證會計師之考量因素

審計委員會選任簽證會計師的情形可分為下列兩種：

●　委任新的簽證會計師

審計委員會對於如何決定新簽證會計師之評估，除會計師應超然獨立之基本要求外，通常會考慮下列因素：

(1)　更換會計師之原因。

(2)　會計師事務所之聲譽與規模。

(3)　會計師之產業經驗。

(4)　查核團隊成員之專業能力。

(5)　查核工作之規劃。

(6)　是否符合公司特殊需求（如：至國外掛牌上市、服務範圍變動、法規變動等）。

(7)　會計師之報酬數額。

●　繼續委任原簽證會計師

審計委員會對於是否繼續委任原簽證會計師之評估，除獨立性外，通常會加入適任性與查核工作表現之評估（可參考附件 7-1 之評估表），並考量以下因素：

(1)　查核團隊之產業知識、經驗及對公司業務敏感度是否充足？

(2)　查核團隊與審計委員會之溝通是否有效？

(3)　查核團隊與管理階層（包括財務長及非財務主管）是否能建立互信並合作？

(4) 查核團隊是否能在規定期間內完成查核與相關服務？

(5) 查核團隊對查核事項有疑慮時，是否及時向審計委員會反應？

(6) 查核團隊是否曾對內部控制及其他管理議題提出建議事項？

(7) 內部稽核單位、會計及財務部門等對簽證會計師之評估意見。

FAQ 4

集團企業內之子公司是否應與母公司選任同一位簽證會計師或同一家會計師事務所？

國內外實務分享

國內目前並未規定母子公司所委任之簽證會計師必須為同一人或同一家會計師事務所。實務上母子公司可從查核品質、效率、公司特殊需求及會計師報酬等因素來決定選任之簽證會計師。

母子公司選任同一位簽證會計師或同一家會計師事務所的優點在於：可降低簽證會計師資訊取得成本及增加查核工作之效率，確保查核工作之品質；而母子公司選任不同簽證會計師或不同會計師事務所的優點則在於：母子公司可能因地域特性或特殊需求而有不同的審計需求，由不同的會計師事務所提供查核服務，有助於公司瞭解各事務所的服務內容及查核工作品質之差異。

FAQ 5

審計委員會如何評估簽證會計師之報酬是否合理？

(答) 簽證會計師原則上係依查核工作之時數及查核人員之組成決定審計公費。因此，審計委員會評估簽證會計師之報酬是否合理時，可考慮下列因素：

■ 公司之規模及業務複雜程度。

■ 與規模及業務複雜度相當之同產業其他公司相比，可以會計師報酬佔公司營業收入、費用或資產規模等之比例作為比較基礎。

■ 與前一年度相比是否有顯著變化，並瞭解導致會計師報酬增減之原因為何？

■ 若會計師要求增加審計公費，宜參考同業是否增加，並確認其增幅是否合理？

■ 若會計師降低審計公費，則須考量公費降低是否影響查核品質？

FAQ 6

若簽證會計師主動終止委任，審計委員會宜如何處理？

(答) 簽證會計師主動終止委任或不再繼續接受委任為偶發且重大事件，按規定公司應即時辦理重大訊息之公開。審計委員會宜於獲悉會計師擬終止委任時，即採取下列措施：

■ 與簽證會計師單獨溝通，瞭解其主動終止委任或不再繼續接受委任之原因，並探究其與公司管理階層對於會影響財務報告可靠性之相關事項（如會計原則之應用、財務報告及相關之揭露、查核工作之範圍與程序等），雙方是否存有歧見。

■ 與管理階層單獨溝通，瞭解簽證會計師與管理階層之互動及溝通情形，若雙方存有歧見，宜就各項不同意見聽取雙方之陳述，並

瞭解公司之處理方式。

■ 評估簽證會計師與管理階層間之歧見，若有必要可諮詢外部專家意見。

■ 若雙方歧見無法消弭且簽證會計師執意終止委任，審計委員會須敦促管理階層盡快啟動新任簽證會計師之選任程序。

■ 若雙方之歧見重大，且公司處理之方式影響財務報告之可靠性（如內部控制存在重大缺失、管理階層無法提供簽證會計師執行查核工作所需之攸關資訊等），審計委員會須請相關之管理階層提出說明及改善方案，若有違法之虞，宜主動通報主管機關。

■ 簽證會計師主動終止委任或不再繼續接受委任屬公司經營警訊之一，審計委員會成員可視其嚴重性，評估是否續任或請辭獨立董事職務。（其他公司經營警訊可參考第四章）

7.4 審計委員會與簽證會計師之溝通

■ 審計委員會宜與簽證會計師保持聯繫，並要求簽證會計師若發現重大異常情事應立即向審計委員會報告。實務上審計委員會與簽證會計師溝通之頻率可依公司規模、業務、複雜度等因素而定。

■ 審計委員會宜每年至少一次與簽證會計師在公司管理階層迴避的情形下溝通。溝通之議題主要包括下列事項：

● 公司財務報告及盈餘的品質如何？

● 公司財務報告中何項較容易受主管機關挑戰或關注？

● 公司財務報告編製是否有可改善之處？若有，有哪些地方可予改善？

- 管理階層對對財務報告之態度為何？

- 公司的會計與財務團隊的專業能力如何？

- 是否有發現會計與財務部門人員在辦理業務時，承受來自上級交辦特定目標之壓力？

- 若公司疑似有舞弊或非常規交易事項，管理階層是否已對涉及的相關人士採取適當的安排或處置？

- 在查核過程中，哪些項目所投入的時間最多？為什麼？

- 在查核過程中，是否與管理階層對於查核工作或事項產生歧見？若有，是哪些？是否及如何化解歧見？

- 公司的營運方式是否有違反任一法令規章的疑慮？

- 有哪些事項是審計委員會需要向管理階層詢問瞭解的？

- 還有哪些事項是審計委員會應該知道的或注意的？

7.4.1 查核工作規劃之溝通

簽證會計師在年初時宜向審計委員會報告該年度查核工作之規劃，並於每季審計委員會召開時列席，針對公司財務狀況、內部控制查核、有無重大調整分錄或法規修訂或改變對公司產生重大影響進行報告。

FAQ 7

審計委員會與簽證會計師溝通查核工作規劃時，宜注意哪些事項？

■ 審計委員會與簽證會計師溝通查核工作計畫時，宜請其說明之主要內容包括下列事項：

- 查核工作之性質、時間、範圍，以及查核進度之安排。

- 分別與管理階層、審計委員會安排溝通之會議時間。

- 與財務報告相關法規之要求為何？與法規遵循相關之預期時程為何？

- 如何定義重大性？

- 如何辨認與財務報告相關之重大不實表達風險？如何設計查核程序以因應這些重大不實表達風險？

- 公司資訊系統及其應用是否影響查核方法？

- 如何評估管理階層之會計估計、假設及專業判斷是否合理？

- 新會計準則以及或監管機關之規定是否對財務報告產生影響？

- 如何評估公司內部控制是否完整且有效？如何評估公司財務報導流程之設計及執行是否有效運作，以確保財務報告允當表達？

- 公司重大交易或事件（如併購）是否影響查核範圍與方法？

- 查核子公司和關聯企業之範圍及程序為何？如子公司或關聯企業為其他會計師事務所所查核，簽證會計師採取哪些程序？

- 如何辨認和查核重大關係人交易？

- 能否在發現重大不實表達、舞弊和非法行為方面發揮作用？在查核過程中將如何因應這些問題？

- 如何追蹤並解決前期已發現之審計問題？

- 簽證會計師出具查核報告之類型及其他溝通事項（如致管理階層函）。

7.4.2 關鍵查核事項之溝通

FAQ 8

審計委員會與簽證會計師溝通關鍵查核事項時，宜注意哪些事項？

答 關鍵查核事項為依簽證會計師之專業判斷，對本期財務報表查核最為重要之事項，經辨認出之關鍵查核事項往往是公司重大風險之所在。審計委員會宜與簽證會計師就關鍵查核事項進行溝通，並扮演監督之角色。為了有效履行職責，審計委員會與簽證會計師溝通時可要求其就下列議題提出報告：

- 簽證會計師在辨認關鍵查核事項時，考量哪些因素？

- 簽證會計師辨認關鍵查核事項所使用之程序、方法為何？是否有依賴其他專家之協助？

- 簽證會計師採取哪些查核程序因應辨認出之關鍵查核事項？

- 有哪些事項也接近關鍵查核事項之判斷標準，但最後被排除？若有，原因為何？

- 關鍵查核事項是否與前一年度、同產業公司有所不同？若有不同，其差異及原因為何？

- 簽證會計師是否曾與公司管理階層溝通及討論如何因應關鍵查核事項？

- 公司管理階層是否參與決定關鍵查核事項？

- 簽證會計師是否曾與公司管理階層討論如何因應投資人或利害關係人對於關鍵查核事項之詢問？

國內外實務分享

我國審計準則公報亦指出，關鍵查核事項是會計師與治理單位溝通之事項。美國公開公司會計監督委員會(Public Company Accounting Oversight Board)亦指出，儘管簽證會計師須與審計委員會溝通關鍵查核事項，但辨認關鍵查核事項為簽證會計師之單獨責任。關鍵查核事項與公司面臨之風險息息相關，因此在不同區域、國家可能出現差異，以新加坡為例，適用揭露關鍵查核事項的第二年，該國的關鍵查核事項集中於：「應收款項減損」、「收入」、「存貨評價」、「不動產評價」、「商譽及無形資產」等項目；而我國在適用揭露關鍵查核事項的第二年，關鍵查核事項則集中於：「應收款項」、「存貨」與「收入」等項目。

7.5 簽證會計師之其他溝通事項

7.5.1 致管理階層函

`FAQ 9`

若公司管理階層收到簽證會計師的致管理階層函，並通知審計委員會，審計委員會宜如何處理？

答 簽證會計師在查核工作中發現的會計程序缺失或內部控制缺失，若予以記錄並提供給管理階層，此即為「致管理階層函」。儘管這些缺失通常並不影響簽證會計師出具的查核意見，但審計委員會在取得簽證會計師的致管理階層函後，宜採取下列措施：

- 瞭解管理階層對致管理階層函所提及之缺失及建議是否給予適當且即時之回應。

- 注意致管理階層函是否指出不尋常之缺失，如：資產負債表日後

的重大事件、疑似舞弊或違法行為等。

■ 要求公司相關單位對每項缺失按其重要性與影響程度進行分類，並提出後續改善措施及相關時程表，監督管理階層直至缺失已改善，且不會對財務報告之可靠性產生影響。

7.5.2 疑似發現舞弊相關情事

FAQ 10

若簽證會計師於查核過程中發現疑似舞弊情事，並通知審計委員會，審計委員會宜如何處理？

答 舞弊之發生可能造成財務報告不實表達，當審計委員會知悉疑似舞弊之情事，宜盡快與簽證會計師溝通，瞭解該疑似舞弊情事之重大性，以及對財務報告可能造成之影響，並詢問簽證會計師是否需要進行專案查核程序，或委請外部專家調查。

此外，審計委員會宜請管理階層提供相關資訊，瞭解疑似舞弊事件之起因、手法，該事件是否肇因於內部控制缺失，公司是否有適當防範舞弊之制度等。審計委員會因應疑似舞弊事件之處理可參考第四章。

7.6 重要法規、守則與參考範例

本章除參考國內外相關機構之專業出版品外，亦參考我國相關法令、守則及範例。相關法令、守則茲整理如下，讀者請注意法規之更新。

1	證券交易法
2	審計準則公報
3	會計師職業道德規範公報
4	○○股份有限公司簽證會計師選任審查辦法

附件 7-1 簽證會計師獨立性、適任性暨查核工作表現 評估表釋例

一、獨立性評估

評估項目	是	否	不適用	評論 / 附註
1. 會計師或查核團隊成員本人及其家屬（含配偶、同居人及未成年子女）與本公司並無直接或重大間接財務利益關係。				
2. 會計師所屬事務所及事務所關係企業與本公司並無直接或重大間接財務利益關係。				
3. 會計師及其所屬事務所、事務所關係企業未提供本公司可能影響超然獨立之非審計服務。				
4. 會計師或查核團隊成員目前或最近二年內未擔任本公司之董事、經理人或對審計案件有重大影響之職務。				
5. 會計師或查核團隊成員未宣傳或仲介本公司所發行之股票或其他證券。				
6. 會計師或查核團隊成員除依法令許可之業務外，未代表本公司在法律案件或其他爭議事項中進行辯護。				
7. 會計師或查核團隊成員未與本公司董事、經理人或對審計案件有重大影響職務之人員有配偶、直系血親、直系姻親或二親等內旁系血親之關係。				

8.	卸任一年以內之共同執業會計師未擔任本公司董事、經理人或對審計案件有重大影響之職務。		
9.	會計師或查核團隊成員未收受本公司或董事、經理人或主要股東價值重大之禮物餽贈或特別優惠。		
10.	上市上櫃公司：會計師非連續七年提供本公司審計服務。		
11.	會計師提供財務報告之查核、核閱、複核或專案審查並作成意見書時，是否維持實質上之獨立性？		
12.	查核團隊成員、其他共同執業會計師或法人會計師事務所股東、會計師事務所、事務所關係企業及聯盟事務所，是否亦對本公司維持獨立性？		
13.	會計師是否於執行專業服務時，維持公正客觀立場，避免因偏見、利害衝突或利害關係而影響專業判斷？		

二、適任性評估

評估項目	是	否	不適用	評論 / 附註
14. 會計師事務所是否有明確之品質控管程序？是否包括查核程序之要點、處理審計問題和判斷之方式、獨立性之品質管控及風險管理？				
15. 會計師事務所是否有足夠之規模、資源提供本公司審計服務？				
16. 會計師事務所就本公司風險管理、公司治理、財務會計相關制度上的重大缺失，是否能及時通知董事會（審計委員會）？				
17. 會計師最近二年是否有經會計師懲戒委員會懲戒之紀錄？				
18. 會計師事務所最近二年是否有涉及任何民事或刑事訴訟案件？				
19. 會計師是否瞭解本公司所處之產業與相關風險？				
20. 會計師或查核團隊成員是否曾對類似產業、規模和風險狀況之公司進行查核？				
21. 會計師是否能清楚說明對本公司之子公司和關聯企業之審計範圍和方法？				
22. 會計師是否能說明其監控審計品質之機制？				

三、查核工作表現評估

	評估項目	是	否	不適用	評論 / 附註
23.	會計師是否及時完成本公司季報與半年報之核閱、年報之查核,並完成查核意見初稿?				
24.	會計師是否與本公司管理人員(內部稽核人員等)互動良好並留下紀錄?				
25.	會計師是否在報告查核工作規劃時,與審計委員會有適當互動並留下紀錄?				
26.	會計師是否在出具查核意見前與審計委員會有適當互動並留下紀錄?				
27.	會計師是否對於本公司財會制度或內部控制制度提出積極建議並留下紀錄?				
28.	會計師是否定期主動向公司更新財務報告編製應遵循之相關法令與準則?				
29.	查核團隊成員是否頻繁的異動?				
30.	會計師是否能及時且適當協助公司回覆主管機關所詢問之問題,並協助公司與主管機關間溝通、協調?				
31.	簽證會計師之報酬是否合理,以使簽證會計師能夠充分履行其職責?				

第八章 併購與公開收購

8.0	重點摘要	246
8.1	併購	246
	8.1.1 審計委員會於併購時之角色與功能	246
	8.1.2 審計委員會之審議事項	248
	8.1.3 審計委員會之審議流程與決議	249
8.2	公開收購	264
	8.2.1 審議委員會於公開收購時之設置與角色	265
	8.2.2 審議委員會之組成	267
	8.2.3 審議委員會之審議事項	268
	8.2.4 審議委員會之審議流程與決議	271
8.3	重要法規、守則與參考範例	277
	附件 8-1 併購流程圖	278
	附件 8-2 公開收購流程圖	280

8.0 重點摘要

隨著我國資本市場日漸成熟，公司進行併購與公開收購行為也越來越多。為保護投資人與公司利益，相關法令要求董事會在做成併購相關決議前，應由獨立、客觀的審計委員會（公司若無審計委員會，應組成特別委員會）先為審議後再送董事會與股東會決議。審議涉及大股東或管理階層參與之現金逐出合併時，委員會除應注意併購計畫與交易之公平性與合理性外，也必須考量公司整體與其他利害關係人之利益，並且注意利害衝突相關資訊是否及時且充分地揭露予股東。

目標公司面臨被公開收購時，應組成獨立、客觀之審議委員會，先就是否建議股東參與應賣為決議，再送董事會決議。委員會在審議公開收購時，應留意公開收購人所為之資訊是否充分，並就公開收購人之資格與履約能力進行查證，同時審酌公開收購人之背景與目的，是否與公司策略目標一致。

由於併購與公開收購通常頗為複雜且有時效性，委員會委任獨立專家提供意見時，應注意其適任性及其所提供服務之品質。同時，法規對於委員會審議併購與公開收購相關程序也較為嚴格，例如委員於開會時，必須親自或視訊出席，不能委託他人出席，於表決時，必須明確表達贊成或反對，不能保留。獨立董事應留意相關程序規定。

8.1 併購

8.1.1 審計委員會於併購時之角色與功能

■ 公開發行公司於召開董事會決議併購事項前，應設置特別委員會，就併購計畫與交易之公平性、合理性進行審議，並將審議結果提報董事會及股東會。

- 公司設有審計委員會者,特別委員會之職權由審計委員會行之。

- 委員會審議併購事項,應為公司最大利益行之,並盡善良管理人之注意與忠實義務。

FAQ 1

什麼是企業併購?

答 根據企業併購法,併購有三種類型:

- 合併:又區分為吸收合併與新設合併。前者為兩家或兩家以上之公司合併,其中一家公司存續,其他公司歸於消滅;後者為兩家或兩家以上公司合併,參與合併之公司全歸消滅,另新設一家公司。合併時,消滅公司之權利義務由存續公司或新設公司承受。例如2018年新日光能源公司吸收合併昱晶公司及昇陽光電公司。

- 收購:取得他公司全部之股份、營業或財產,並以股份、現金或其他財產作為對價。例如 2018 年國際私募基金 KKR 透過子公司以現金取得李長榮化工公司全部股份。

- 分割:將可以獨立營運之一部或全部之營業讓與既存或新設之他公司,由既存或新設之他公司以股份、現金或其他財產支付對價者。例如 2008 年華碩公司分割其代工部門成立和碩公司。

併購類型的選用與公司策略、風險管理、稅務安排等均有關聯,涉及層面很廣,應審慎處理之。

FAQ 2

審計委員會於公司併購時,扮演之角色與功能為何?

答 根據企業併購法修正理由的說明,公司併購行為涉及公司之法人人格消滅、經營權變動、組織重大改變及重要資產交易,影響股東權益甚

鉅，而公開發行公司股東人數眾多，影響層面更廣，為使股東在進行併購決議時獲得充足之資訊與相關評估建議，故參考外國立法例，要求公開發行公司於召開董事會決議併購事項前，應組成特別委員會，以經營者之經驗與角度，為股東就本次併購交易之整體公平性、合理性進行審議，並提報於董事會及股東會。

修正理由進一步說明，證券交易法第 14 條之 5 第 1 項第 4 款、第 5 款規定，就涉及董事自身利害關係之事項或與公司之重大資產交易事項，應經審計委員會全體成員二分之一以上同意，並提報董事會決議，審計委員會已能涵蓋企業併購法所定特別委員會之功能，故設有審計委員會之公司，就併購計畫與交易之公平性、合理性，由審計委員會審議之。而尚未設有審計委員會之公司，就上述事項進行審議時，應組成特別委員會，審議相關事項。

8.1.2 審計委員會之審議事項

■ 公開發行公司於召開董事會決議併購事項前，由審計委員會就併購計畫與交易之公平性、合理性進行審議，並將審議結果提報董事會及股東會。

國內實務分享

併購流程依照個案情況會有所不同，但大致可分為以下幾個階段：擬定併購策略、篩選併購標的、協商交易條件、擬定併購計畫及契約、依法經主管機關許可及併購後整合。有關併購流程，請參見[附件8-1併購流程圖]。

併購契約在送交股東會決議之前，依法應先經審計委員會與董事會之決議。董事會則應對於併購各個階段皆有所掌握，例如併購顧問

之聘任、與對方公司簽訂意向書等，皆應經董事會決議。此時，依法雖無須經審計委員會審議，但獨立董事仍應參與董事會，善盡職責。

併購對公司而言是件大事，是否進行併購，併購時機、標的如何選擇、條件如何擬訂，以及併購後如何進行整合等，對公司都有深遠的影響。有些公司以併購作為企業成長的重要助力，設有專責人員負責相關事宜，併購策略規劃與進度應定期向董事會報告，使董事們瞭解情況。有些併購案經過雙方相當時日磋商，也有些併購機會突然出現，管理階層宜儘早向獨立董事說明情況，使獨立董事有充分時間參與，避免因時間過於倉促與資訊不透明而造成誤解。實務運作中，有些公司為求慎重，併購相關意向書也先送審計委員會決議後，再送董事會。獨立董事平時宜持續瞭解公司發展目標以及產業趨勢，遇到併購事項才能迅速掌握情況，並稱職地進行相關討論與決策。

8.1.3 審計委員會之審議流程與決議

■ 審計委員會審議併購事項，應為公司之最大利益行之，並盡善良管理人之注意義務與忠實義務。

■ 審計委員會審議併購事項，應經審計委員會全體成員二分之一以上同意，並提董事會決議；如未經審計委員會全體成員二分之一以上同意者，得由全體董事三分之二以上同意行之。

■ 審計委員會進行審議時，應委請獨立專家協助就換股比例、配發股東之現金或其他財產之合理性提供意見。

■ 審計委員會審議併購事項時，成員應親自或視訊出席，不得代理

出席，並且就議案明確表示同意或反對，不能保留。

■ 公司應於董事會決議之日起算二日內，將董事會之決議及審計委員會之審議結果，於公開資訊觀測站辦理公告申報，並載明任何持反對意見之董事及審計委員會成員之姓名及其所持理由。

■ 審計委員會成員應注意保密，在併購消息公開前不能對外洩漏相關資訊，亦不得自行或利用他人名義買賣與併購案相關之所有公司之股票、其他具有股權性質之有價證券或其衍生性商品。

以下就審計委員會審議時之善良管理人注意義務與忠實義務、獨立專家之選任、決議門檻，以及保密義務與內線交易之防免，分為四個部分說明之：

(1) 善良管理人之注意義務與忠實義務

國內外實務分享

委員會審議併購事項時，宜注意以下幾個面向：

A. 併購案是否符合公司營運之長期策略目標，是否具備必要性。

B. 主導併購案進行之管理階層是否具備相關專長與經驗。

C. 管理階層是否就標的公司進行審慎調查，調查報告是否詳實。

D. 交易結構是否過於複雜，子公司之設置是否具合理性。

E. 併購程序是否符合法令規章，管理階層是否及時提供相關資料，所提供的各項資料是否詳實。

F. 管理階層就併購綜效之評估是否合理、綜效之來源為何、可能影響綜效達成之因素有哪些。

G. 併購可能對公司產生的風險為何，是否安排因應措施。

H. 併購對於公司財務報告立即的影響為何，是否會影響公司短期的財務表現。

I. 併購對於利害關係人（包括股東、員工、消費者、上下游供應商及社區等）之影響為何。

J. 併購契約的重要條款是否合理周延。

K. 併購後整合計畫是否完備。

併購影響層面大並涉及專業，審計委員會除換股比例或配發股東之現金或其他財產之合理性，應委請獨立專家提供意見外，其他方面亦可聘任外部顧問提供意見。

國內併購實務運作中，也常出現只看重成本，忽略程序，或過於樂觀，輕忽風險，審計委員會宜特別留心：

A. 併購對於公司的影響很大，必須藉由必要的流程、專業建議與數據收集分析來達成合理的決策，因此，交易與審議流程一定要遵守相關法令，不能認為只有價格重要，輕忽法律或風險，其他流程便宜行事。

B. 不能為了節省成本，於聘請外部顧問或獨立專家時僅考量價格，忽略專業與經驗的重要性，或併購盡職調查 (Due Diligence) 不完整。

C. 管理階層有時會過於樂觀或保守，也沒有併購相關經驗。審計委員會應本專業性與獨立性，為公司把關，並可提醒管理階層要善用外部資源，有時候管理階層尚無能力處理併購相關事項，卻不自知。

D. 併購本身即存在一定的風險，若不能容忍風險，也可能使公司喪失成長機會。審計委員會應提醒管理階層投入足夠的資源培

養併購人才與尋找專家協助，透過專業與謹慎，降低風險，達成合理的併購決策。

案例分析 8-1

A公司管理階層在董事長的主導下，與B公司進行併購磋商，雙方談妥併購契約後，A公司董事長才將相關併購事項提出於審計委員會，並表示，併購案已經過管理階層與聘請的外部專家審慎評估，還有好幾家實力堅強的公司也都看中B公司，商機稍縱即逝，請審計委員會儘速決定。

審計委員會成員中，甲獨立董事認為併購影響很大，此一提案太過倉促，管理階層甚至沒有提供充足的時間讓委員閱讀資料與詢問相關細節，甲獨立董事認為至少應該由委員會委任外部專家提供意見，管理階層則建議，由於時間很有限，審計委員會可以直接採用管理階層在併購前階段就聘任的外部專家意見，不用再另外委任其他專家。此時，甲獨立董事應怎樣做才算符合法令要求的善良管理人之注意義務？

答 依公司法與企業併購法規定，審計委員會審議併購事項，應盡善良管理人之注意義務與忠實義務。所謂善良管理人注意義務，是指董事應在資訊充分的情況下，透過分析、討論、詢問，考量可能的利弊得失與風險後才作成決定。

我國目前法院判決涉及併購事項審議時董事注意義務之案件十分少見，美國德拉瓦州 Van Gorkom 案 (488 A.2d 858 (Del. 1985)) 或可供參考。該案法院認為，對於併購要約的接受與否、併購價格之判斷等，被併購公司董事會必須於充分資訊之基礎上，經過完全且詳細的討論，始受商業判斷法則的保護；若僅是管理層口頭報告，不瞭解有關公司併購的法律文件、價格計算，以及公司實際價值，僅以短短兩小時即倉促做出併購決定時，即違反注意義務。

本案例中，審計委員會成員們事前對此併購案之進行毫無所悉，併購案進入審計委員會審議時，亦無充足的時間審閱與詢問相關事宜，若再就聘任外部專家事項草率行事，實難認為已盡善良管理人之注意義務。我國司法實務中，雖已有不少法院採用台灣版的商業判斷法則，但適用商業判斷法則的基本前提是，董事應在資訊充分的情況下作成決定，決策時應保持獨立性並且避免利益衝突，同時應本於善意，合理相信其所為之決定符合公司最佳利益。若董事是在資訊不充分、未能經過充分討論，時間又急迫的情況下作成決議，恐怕很難認為已盡善良管理人之注意義務。

FAQ 3

跨國併購時，審計委員會應注意哪些問題？

答 國內企業透過跨國併購跨出台灣市場越來越常見，併購本身已存有許多風險與不確定性，跨國併購的情況通常更為複雜。

面對跨國併購議案時，審計委員會應格外謹慎，特別注意外國法律與文化的差異性，千萬不可輕忽風險管理，並且應敦促管理階層妥善擬定併購後的整合計畫。

為確實掌握被併購公司之情況，盡職調查一定要完整充分，不能因為時間或費用考量而忽略盡職調查之重要性。盡職調查不能只做形式，一定要確實完成，並且委任有專業能力的外部顧問進行，跨國併購尤其如此。

管理階層遇到併購機會有時會過於樂觀，審計委員會以專業、獨立、客觀的角度，有義務提醒管理階層應避免在未能全盤瞭解與評估風險的情況下就進行併購。

FAQ 4

審計委員會成員審議併購事項時，若成員中有與併購交易相對人為關係人，或有利害關係時，應如何處理？

答 依相關辦法，就併購事項有利益衝突之審計委員會成員不得加入討論及表決，且於討論及表決時應予迴避，也不能代理其他成員行使表決權。

若審計委員會由三名獨立董事所組成，而其中一位獨立董事因利益衝突應迴避時，剩下兩名成員，審計委員會仍可運作，此時，併購議案應得到兩位成員同意，方屬通過。若審計委員會三名獨立董事中，有兩位獨立董事應迴避時，因審計委員會將剩一名成員可以投票，屬委員會無法決議情形，此時應向董事會報告，並由董事會以全體董事三分之二以上同意決議之。

FAQ 5

現任管理階層/大股東以現金作為對價對公司進行併購時，審計委員會應注意什麼？

答 公司管理階層/大股東對公司進行以現金為對價之併購，是近年來頗為常見的併購類型。由於這類併購將使管理階層/大股東取得公司全部股份，其他股東只能拿到現金離開公司，故有稱之為「現金逐出合併 (cash- out merger)」。此類併購雖有管理階層/大股東參與其中，存有利益衝突，但我國企業併購法強調促成併購之進行，故不禁止有利益衝突之董事與股東於董事會及股東會參與表決。這樣的規定可能有小股東保護不周的疑慮，也與外國立法例有所不同。

例如，美國德拉瓦州法院在 Kahn 一案 (88 A.3d 635 (Del. 2014)) 即認為，在管理階層/大股東涉及的合併中，法院採取嚴格的完全公平原則審查，即應由管理階層/大股東向法院證明交易的過程與價格均

屬公平，未侵害其他股東利益；除非合併符合以下六個要件，董事才受商業判斷法則之保護：

(1) 大股東設下進行併購之前提為同時得到特別委員會與少數股東多數決的批准（換言之，有利害衝突之董事與大股東不參與表決）；

(2) 特別委員會具有獨立性；

(3) 特別委員會可自由地選擇外部顧問，並有權否決合併提案；

(4) 特別委員會有權與管理階層／大股東磋商交易條件，並於協商時合於其注意義務；

(5) 少數股東係在資訊充分下進行表決；

(6) 少數股東未受脅迫。

德拉瓦州法院在涉及管理階層／大股東的併購案中，採用高標準的完全公平原則，目的在於藉由正當程序（即有利害衝突之董事與大股東不能參與及影響公司併購決議之形成，由獨立董事組成的特別委員會／審計委員會扮演重要角色），達到保護公司與股東權益之目的。

我國實務運作中，也常見有利益衝突的董事於董事會決議中迴避表決。至於審計委員會如何審查這類案件，請參見以下 [案例分析 8-2]。

案例分析 8-2

A上市公司董事長甲之家族，透過數個投資公司與信託，持有A公司30%之股份。某年7月22日，A公司公告，董事會與國際知名B私募基金達成協議，B私募基金將透過其100%持股的台灣子公司C公司，與A公司進行股份轉換，即B私募基金支付A公司股東每股新台幣（以下同）53元現金，換取A公司100%股份，股份轉換完成後，B私募基金將成為A公司最大股東並掌有絕對控股權，包含A公司員工及創始股東家族之特定成員皆參與這項合作案；A公司將於9月10日召開臨時股東會決議本項股份轉換案。

8月24日，A公司進行第二次公告稱，公司接獲B私募基金來信表示，將邀請A公司董事長甲之家族於不超過45%股權比例範圍內，持有C公司上層控股公司之股權；在本件股份轉換完成後，B私募基金擁有對A公司之控制權。

由於A公司的兩次公告對於交易架構以及甲氏家族與B公司的合作細節，包含將來預計有多少甲氏家族特定成員將成為C公司之股東、持股比率與認購價格、未來B公司持股出售安排等問題皆語焉不詳，投資人保護中心於8月28日發出新聞稿，要求A公司應揭露相關資訊，以便股東於股東會表決。A公司於同日發布第三次公告，表示除董事長甲持股98%之投資公司將成為C公司的股東外，無法確知甲及其家族未來認購C公司股份之具體名單、持股比率及認股價格。

投資人保護中心於9月5日發出第二次新聞稿指出，「該案目前是否存有部分資訊不足之情形，投資人應審慎判斷。……本中心所提前揭問題攸關股東權益，A公司及其獨立董事實宜進一步查明交易始末並使相關資訊公開透明，俾供股東妥為考慮判斷。A公司與B私募基金均為國內外知名企業，本中心期許A公司及其獨立董事、B公司以及與B公司合作之甲氏家族，均能就本次股份轉換相關議題向股東充分說明，以維護股東權益，並為我國資本市場樹立典範。」A公司於9月6日（股東會召開前5天）發出第四次公告，說明甲氏家族將以87億元取得C公司45%之股權，以及將取得C公司股份之家族成員與公司名單。

答 以下分別就大股東／管理階層參與的現金逐出併購中，審計委員會角色與審議標準兩部分說明之：

(1) 大股東／管理階層參與的現金逐出併購中，審計委員會角色至關重要

本案例中，股份轉換結束後，除甲氏家族取得 A 公司之控制公司 C 公司 45% 股權外，其餘股東僅能取得現金對價離開公司。此類現金逐出合併由於大股東／管理階層參與其中，存有利益衝突，又我國企

業併購法不要求有利益衝突之董事與股東應於董事會及股東會迴避表決，為保護公司與其他小股東之利益，獨立董事與審計委員會的角色更形重要。投資人保護中心數度發出新聞稿，要求 A 公司與獨立董事為相關資訊揭露，就是希望獨立董事能夠為公司與股東之權益把關。

(2) 審計委員會審議標準

目前法院對於現金逐出合併採用較高的審查標準。最高法院於雷亞案表示：「現金逐出合併，將使未贊同合併股東喪失彰顯於股份本身之財產權，且限制其投資理財方式，剝奪其透過特定公司之持股而直接或間接參與公司業務以享受相關利益之機會，對股份所表彰之權益影響甚大，因而欲行現金逐出合併，需基於目的之正當性、遵循正當程序之要求及公平價格確保之有效權利救濟機制，始得謂當」，且「鑒於我國企併法允許大股東以現金逐出小股東之門檻相對於世界主要國家實為偏低，自應嚴格審查現金逐出合併之股東會決議，以保障少數股東權益。」

就應遵循正當程序來說，法院進一步指出，「少數股東獲得合併之資訊不足、不易結合，且無餘力對合併案深入了解，**執有公司多數股份股東或董事會欲召集股東會，自應於相當時日前使未贊同股東及時獲取合併對公司利弊影響之重要內容、有關利害關係股東及董事之自身利害關係之重要內容、贊成或反對併購決議之理由，收購價格計算所憑之依據等完整資訊**，其召集始符合正當程序之要求，否則即應認有召集程序之違反。」換言之，若股東未在股東會召開之相當時日前獲得充分資訊，該股東會召集程序有瑕疵，法院可撤銷該決議。

本案例中，A 公司數次公告，皆對於董事長或其他有利害關係之董事與大股東與 B 公司的合作內容語焉不詳，經過投資人保護中心兩次新聞稿要求，直到股東會開會前 5 天，A 公司才公告甲氏家族取得 C 公司股份之名單以及取得 45%C 公司股份之價金總額。此等資訊揭露之內容與方式，恐怕與雷亞案中法院所揭示的原則有所不符。

FAQ 6

會議資料應多久以前提供？公司能否以需要保密為由，開會當場才提供？

答 審計委員會成員必須取得適當且及時之資訊才能依法履行職務，管理階層應及時提供相關資訊，且不能任意拒絕審計委員會成員之要求。依相關規定，審計委員會之召集，應於 7 日前通知委員會成員，除非有緊急情事；公司於寄發開會通知時，應一併寄送會議資料。

若確有保護公司機密之需要，公司治理主管、議事人員除應再次提醒審計委員會成員保密之責任與重要性外，應以便利審計委員會成員及時取得資訊為目標，與審計委員會召集人及成員討論取得資訊之方式（例如以加密方式處理）。成員對於相關資訊的保管與保密，也要十分注意，並應瞭解若違反保密義務，可能造成公司重大損失，自身也將承擔相應的法律責任。

(2) 獨立專家

■ 審計委員會就併購之換股比例或配發股東之現金或其他財產之合理性，應委請獨立專家提供意見，費用由公司負擔。

■ 獨立專家係指會計師、律師或證券承銷商三類，且不得與併購交易當事人為關係人，或有利害關係而足以影響獨立性。

FAQ 7

審計委員會聘任獨立專家時應注意什麼？

答 獨立專家之合理性意見書，一方面提供審計委員會作為併購計畫與交易公平性、合理性審議時之參考；另一方面，合理性意見書應併同併購契約書之應記載事項以及審計委員會之審議結果，公告於公開資訊

觀測站,且備置於公司及股東會會場供股東索閱,使股東獲得充分資訊,以利作成決定。

審計委員會在選任獨立專家時,可藉由以下方式瞭解其適任與否:

Ａ. 書面資料審查:可請獨立專家提供相關資訊,或運用公開資訊、媒體或搜索引擎等合法管道,查詢下列情事:

　　a. 是否曾受相關專業訓練,或領有相關證照。

　　b. 對於公司與所處產業是否熟悉。

　　c. 過往曾經出具哪些合理性意見書,品質如何。

　　d. 過往曾經出具的合理性意見書,是否曾有負面評價新聞或事實。

　　e. 所屬機構是否曾有負面評價新聞或事實。

　　f. 與交易當事人是否為關係人。

　　g. 是否有足夠的資源處理委任相關事宜。

　　h. 有無犯罪經判刑確定或受刑之宣告情事。

是否曾經因違反會計師法或律師法而受懲戒,或被主管機關裁罰,原因為何。

Ｂ. 面談:必要時,審計委員會可邀請數組專家面談,一方面就相關書面資料做進一步確認,一方面藉由面談判斷其專業能力、實務經驗及獨立性是否可勝任。

獨立專家若係由併購財務顧問推薦,審計委員會也應詳細瞭解該獨立專家的相關資訊與適任性。

FAQ 8

審計委員會如何評估獨立專家所出具合理性意見書之適切性？

答 審計委員會就獨立專家出具之合理性意見書，可請管理階層先就下列
事項進行分析並提出報告，並邀請獨立專家於審計委員會中說明：

A. 是否執行適當作業流程，以形成結論並據以出具意見書。包括：

　　a. 是否清楚說明形成意見所依據之資料以及資料來源。

　　b. 對於所使用之資料來源、參數及資訊等，是否評估其完整性、
　　　正確性及合理性。

　　c. 是否清楚說明形成意見所執行之必要程序（含所遵循之法令
　　　或準則）。

　　d. 是否清楚說明評價之假設及限制條件。

　　e. 是否清楚說明評價執行流程，包括各步驟與推論。

　　f. 是否清楚說明所採用之評價方法及其理由，未採用之方法及
　　　其理由。

　　g. 是否清楚說明折價、溢價調整項目及其依據。

　　h. 若各項評價方法都有其合理之參考價值，而將各項評價方法
　　　給予權重比例計算時，是否清楚說明給予各項評價方法權重
　　　比例之理由。

　　i. 若價格之評定係參考鑑價機構之鑑價報告者，是否清楚說明
　　　該鑑價機關、報告內容及結論。

B. 所執行程序、蒐集資料及結論，是否詳實登載於案件工作底稿。

C. 合理性意見書是否清楚明瞭，便於股東得以合理瞭解評價執行流
程與結論。

FAQ 9

日後若發生爭訟，董事可否以信賴獨立專家意見做成決議為由，主張已盡受託義務？

答 併購事項極為複雜，審計委員會審議相關議案，往往必須藉由內部與外部專家的協助才能妥善執行職務。外部專家從顧問角度提供意見供審計委員會決策參考，獨立董事是最終做決策的人，依法應就其決策對公司負責。

目前我國司法實務就董事責任尚未建立起明確的「善意信賴專家」的免責事由。為了妥善執行職務並降低被究責之風險，審計委員會除應慎選獨立專家外，聘任後，可藉由邀請獨立專家定期報告，以便瞭解其工作情況與服務品質。國外對於信賴專家有較明確的規定，可參閱前述第六章中 [國外實務分享] 美國德拉瓦州公司法有關信賴專家之規定。

(3) 決議門檻

FAQ 10

董事會得否經決議而不採用或反對審計委員會之審議結果？

答 依相關規定，併購事項應經審計委員會全體成員二分之一以上同意，並提董事會決議；如未經審計委員會全體成員二分之一以上同意者，得由全體董事三分之二以上同意行之。換言之，董事會亦可決議不採用審計委員會之審議結果，但董事會應達到較高的決議門檻。

併購事項雖由董事會作成決定，但審計委員會成員的反對意見，仍會透過資訊公開讓股東知曉。公司應於董事會決議之日起算二日內將董事會之決議及審計委員會之審議結果，於公開資訊觀測站辦理公告申報，並載明任何持反對意見之董事及審計委員會成員之姓名及其所持

理由。

此外，審計委員會開會審議併購事項時，成員應親自或視訊出席，不得代理出席，並且就議案明確表示同意或反對，不能表示保留。這也與審計委員會審議其他議案，未禁止成員保留的情況有所不同。

(4) 保密義務與內線交易之防免

審計委員會成員應注意保密，在併購消息公開前不能對外洩漏相關資訊，亦不得自行或利用他人名義買賣與併購案相關之所有公司之股票、其他具有股權性質之有價證券或其衍生性商品。

案例分析 8-3

A上市公司以生產醫療器材為主要業務，B公司為美國上市公司，產品橫跨消費性電子、通訊、醫療等多個領域。A公司於某年11月22日召開記者會，宣布與B公司簽訂合併契約，將併入B公司在台子公司C公司，合併價格每股新台幣（以下同）100元，總價約為280億元。C公司隨即展開公開收購，收購達A公司85%股權之後，再以現金為對價與A公司進行現金合併後下市。

併購順利落幕，但A公司之獨立董事甲以及A公司大股東D集團之負責人乙等人，被檢察官以重大消息成立且未公開之前，以D集團多家投資公司之名義於市場上購入A公司股票，違反證券交易法第157條之1有關禁止內線交易之規定起訴。法院認為甲、乙等人構成內線交易。

答 依證券交易法之規定，公司董事、持股超過 10% 之大股東等人，於實際知悉公司有重大影響其股票價格之消息時，在該消息明確後，未公開前或公開後 18 小時內，不得對該公司之上市或在證券商營業處所買賣之股票或其他具有股權性質之有價證券，自行或以他人名義買入或賣出。

本案有兩項重要爭點：(1) 重大消息何時成立；(2) 甲、乙等人是否實際知悉重大消息。

甲、乙兩人主張 D 集團各投資公司買入 A 公司股票時，兩家公司僅簽訂無拘束力的意向書（Non-binding Letter of Intent），尚未進行盡職調查，重大消息尚未成立，自不構成內線交易。又甲、乙兩人主張，其未實際知悉重大消息，D 集團的投資公司係根據自己做的投資分析才決定買進 A 公司股票。

針對這兩點，法院認為：

(1) 9 月 12 日 A 公司與 B 公司簽屬無拘束力意向書時，重大消息成立

法院認為，雙方之併購磋商須進行至何地步，始能認為已達明確，並有具體內容，而成為重大消息，須視個案具體狀況而定，屬事實認定範疇。**倘併購雙方均有高度意願，已就併購契約重要之點（如股權收購價格、基本架構）達成共識，而簽訂意向書時，併購完成可期，對投資人投資決定具有重大影響，此項重大消息已臻明確，即使仍存有未能完成併購之可能性，亦不能謂該重大消息尚未成立。**又查股權收購價格，屬影響併購能否完成之重大因素，本件 B 公司與 A 公司均有高度併購意願，雙方於 9 月 12 日簽訂意向書時，已就每股收購價格區間、交易架構等併購契約重要之點達成共識（意向書主要內容為，B 公司同意以 8 月 24 日 A 公司每股收盤價 79.9 元為基礎，每股溢價率為 18% 至 38%，價格為 94 元至 110 元之現金取得 A 公司全部流通在外股權，在雙方簽訂該不具約束力之意向書後，B 公司將執行二週的盡職調查，且排他條款期間將持續至 10 月 31 日，以供雙方進行本併購案最後合約之討論，A 公司不可與其他第三方進行由其他第三方所提出之可能的股權或資產交易），**即使股權收購價格尚未特定、盡職調查尚未進行，該併購案完成之可能性甚高，對投資人投資決定具有重大影響，即屬重大消息。**

(2) 甲、乙兩人實際知悉內線交易

法院認為，乙為 D 集團 9 家投資公司負責人且實際經營控管。其經營模式為：D 公司為集團中的管理公司，負責運用集團各家投資公司之資金從事投資；甲個人雖未持有 A 公司股份，但其為 D 公司對 A 公司投資案之專案經理，並由乙安排其擔任 A 公司法人董事代表人，之後更擔任 A 公司之獨立董事；A 公司之重大人事變更、財務報告、營運狀況、業務狀況、財測等自然應向乙報告。而甲隨時注意 A、B 兩家公司併購之發展，對於相關進度甚為熟稔，乙亦希望透過 B 公司來台進行盡職調查的機會，與 B 公司執行長見面，且擬將出售 A 公司股票獲利部分列入當年的預算，可見乙知悉並積極支持與促成此併購案，法院從而認定乙確係由甲知悉併購案之進度與消息。

根據上述兩點，法院認定 9 月 12 日 A 公司總經理簽屬無拘束力意向書時重大消息成立，而甲、乙兩人實際知悉併購流程與進度，從而認定 D 集團旗下投資公司於 9 月 13 日至 10 月 30 日買入 A 公司股份之行為，構成內線交易。

由本案例可知，獨立董事一定要注意保密，在重大消息公開前絕不能對外洩漏相關資訊，亦不得自行或利用他人名義買賣與併購案相關之所有公司之股票、其他具有股權性質之有價證券或其衍生性商品，否則，就可能會有內線交易之民事與刑事責任。此外，法院以消息是否會影響投資人買賣之決定為判斷重大消息成立時間點之標準，但因具體個案事實各有不同，仍有模糊空間，獨立董事如有任何疑慮，最好詢問公司法務單位主管與外部顧問，以確保法令遵循。

8.2 公開收購

■ 公開收購，係指不經由有價證券集中交易市場或證券商營業處所，以公告、廣告、廣播、電傳資訊、信函、電話、發表會、說

明會或其他方式，對非特定人提出公開要約，收購公開發行公司
之有價證券。

公開收購之目的是什麼？

答 公開收購之目的，往往是藉由一次性收購目標公司大量股份，取得其
經營權。公開收購可以用在合意併購或者非合意併購，例如 IC 封測
大廠日月光公司於 2015 年 8 月對矽品公司進行公開收購，雖是以非
合意併購為開始，但最終兩家公司以合組控股公司收場。

公開收購流程，請參見 [附件 8-2 公開收購流程圖]。

8.2.1 審議委員會於公開收購時之設置與角色

■ 被收購有價證券之公開發行公司（下稱目標公司），於接獲公開
收購人依法申報及公告之公開收購申報書副本、公開收購說明書
等相關書件後，應即設置審議委員會，就公開收購人身分與財務
狀況、收購條件公平性，及收購資金來源合理性進行查證與審
議，並就本次收購對其公司股東提供是否應賣之建議。

■ 目標公司應於15日內公告並申報以下資訊：

● 審議委員會之審議結果、查證情形、審議委員會同意或反對
之明確意見及所持理由；

● 董事會就公開收購人相關資訊之查證情形，對其公司股東提
供建議，並載明董事同意或反對之明確意見及其所持理山；

● 董、監事以及持股超過10%之大股東持有公司股份之情況，以
及持有公開收購人股份之情況；

● 公司財務狀況於最近期財務報告提出後有無重大變化及其變化內容。

FAQ 12

相關法令為何要求目標公司董事會應對股東是否參與公開收購之應賣,提出建議?

答 對目標公司股東而言,要做成是否參與公開收購應賣之決定,需要有充足的資訊分析以下問題:公開收購人所揭露的相關資訊是否完整;公開收購人提出的收購價格是否合理;公開收購人有無履約的能力;股東若不參與應賣,而公開收購人取得大量持股成為控制股東後,會如何經營公司等。對於一般股東而言,未必有時間與專業可以取得相關資訊並進行分析。此外,股東是否參與應賣,涉及公開收購人能否取得公司的經營權,也會影響公司未來的發展。

為保護股東權益與維護公司最佳利益,相關法令要求目標公司董事會應就股東判斷是否應賣的重要之點,包括董事會針對公開收購人所提資訊採行哪些查證措施及相關程序,是否委託專家出具意見書,及就本次收購對其公司股東之建議,提供股東參考。董事會為相關決議時,必須遵守注意義務與忠實義務,善盡責任。

FAQ 13

審議委員會之功能與角色為何?

答 考量董事會在對股東提供建議時,可能基於自身經營權之維護,而不能提供客觀公正之意見,為保護股東,相關法令要求目標公司應組成獨立、客觀的審議委員會,針對公開收購人身分與財務狀況、收購條件公平性,及收購資金來源合理性進行查證與審議,並對股東提供是否應賣之建議。又考量審議委員會之查證及審議結果對董事會之決議具重大資訊參考價值,且應為董事會之先行程序,因此規定審議委員

會之查證情形及審議結果應提報董事會。

同時，為使股東取得充分的資訊，審議委員會與董事會之審議結果，以及個別董事對於公開收購贊成或反對的意見，都必須一併予以公告及申報。

8.2.2 審議委員會之組成

- 審議委員會委員之人數不得少於三人，目標公司設有獨立董事者，應由獨立董事組成；獨立董事人數不足或無獨立董事者，由董事會遴選之成員組成。

- 審議委員會委員之資格條件，應符合「公開發行公司獨立董事設置及應遵循事項辦法」之規定，具備專業性與獨立性。

國內實務分享

FAQ 14

董事會如何遴選審議委員會之成員？

答 若公司獨立董事人數超過三人，董事會可遴選全部或部分獨立董事為審議委員會成員，只要符合委員會人數不得少於三人之規定。

實務運作中，也常見以審計委員會行使審議委員會之職權。以審計委員會行使審議委員會職權之優點在於，具備集體智慧，以及避免董事會面臨應遴選何人擔任審議委員會成員之困擾。公司設有審計委員會者，如遇公開收購，可考慮以審計委員會執行審議委員會職權。

若董事會仍欲組成審議委員會處理公開收購相關事宜時，由於目標公司審議委員會與董事會回應公開收購的時間只有短短 15 天，董事會

可以考慮優先遴選時間與專業上均適當之獨立董事擔任審議委員會成員。若公司獨立董事人數不足三人，不足之數，由董事會遴選符合專業性與獨立性條件之人選組成之。

8.2.3 審議委員會之審議事項

■ 審議委員會應查證與審議公開收購人之身分與財務狀況、收購條件公平性，及收購資金來源合理性，並就本次收購對其公司股東提供建議。

■ 審議委員會進行之查證，須完整揭露已採行之查證措施及相關程序，如委託專家出具意見書亦應併同公告。

就審議委員會之審議事項，以下分別針對審議委員會作決議時應注意事項、如何進行相關資訊之查證、聘請獨立專家時應注意事項等三個方面說明之：

(1) 審議委員會作決議時，應注意事項

國內外實務分享

審議委員會除應查證相關資訊是否完整正確外（請參見下述（2）**審議委員會如何進行相關資訊之查證**），還應分析公開收購對股東與公司的影響為何，才能對股東提出是否應賣之建議。

審議委員會決議時，可考慮以下事項：

■ 公開收購人的身分：若公開收購人是為了收購目的而設立的公

司（特殊目的公司，Special Purpose Company），並為多層次投資架構，應瞭解公開收購人之各層股東與最終的實際控制人。

■ 公開收購的目的：公開收購人取得目標公司股份是否要參與公司經營或進行併購；若進行併購，是否為融資收購；是否下市，對股東與公司的影響如何，均為審查重點。又根據公開收購人與最終實際控制人之背景、所處產業以及其財務業務情況，分析公開收購說明書所稱之經營計畫是否可行，對股東與公司的影響如何。

■ 公開收購條件公平性：公開收購的對價種類與價格是否充足，公開收購人出具的獨立專家合理性意見書所為的相關假設、依據的資料，以及評價方法的選用是否合理（**請參見本章FAQ8**）。

■ 履約能力：查證公開收購人所提出的履約能力證明。國內曾有知名案件於收購條件成就後，公開收購人突然宣布資金未到位，違法不交割導致許多投資人受到損失。受此案件影響，主管機關即修正相關法令，要求公開收購人，應提出具有履行支付收購對價能力之證明，審議委員會審議時，應注意之。

(2) 審議委員會如何進行相關資訊之查證

國內外實務分享

為保護股東利益，審議委員會應針對公開收購的重要資訊進行查證，包括以下事項：

- 公開收購人身分（例如：自然人姓名或法人名稱、住居所或地址、法人之董事、監察人及大股東等）。

- 公開收購人之財務狀況（信用、資產等狀況）。

- 公開收購之收購條件（價格或換股比例）。

- 資金來源之合理性。

審議委員會必須完整揭露已採行之查證措施及相關程序，如委託專家出具意見書亦應併同公告，如無法查證，亦應說明具體之原因。

實務運作中，有些情況下的公開收購，目標公司可以取得較多的資料以茲查證分析。例如合意併購下，交易雙方已經完成盡職調查，並且規劃以兩階段的方式進行併購（第一階段為公開收購，第二階段為併購），則在進行第一階段公開收購之前，目標公司已取得公開收購人之相關資訊，可以進行查證與分析。

但在非合意的情況下，公開收購很可能突然發生，若公開收購人是本國境內的公開發行以上之公司，則有關公開收購人之身分與財務狀況，可藉由公開資訊觀測站之資料取得；若公開收購人是非公開發行公司或者境外公司，且公開收購說明書中所載明之資料不甚完備時，則相關資料收集與查證，就有一定難度。此時，可聘請外部專家協助。

至於公開收購人之履約能力，目前相關辦法已要求公開收購人應提出具有履行支付收購對價能力之證明，審議委員會應予查證。以現金為收購對價者，履約能力證明包括兩種類型：一、由金融機構出具，指定受委任機構為受益人之履約保證，且授權受委任機構為支付本次收購對價得逕行請求行使並指示撥款；二、由具證券承銷商資格之財務顧問或辦理公開發行公司財務報告查核簽證業務之會計師，經充分知悉公開收購人，並採行合理程序評估資金來源後，所出具公開收購人具有履行支付收購對價能力之確認書。

若公開收購人提供的資料不足，或者因時間太短無法完整查證，委員應在會議中提出討論，並考量是否建議股東應賣，同時在會議紀錄中載明理由，提醒股東注意。

(3) 審議委員會聘任專家時，應注意事項

國內外實務分享

相關辦法未強制要求審議委員會一定要委請專家。若審議委員會決定委請專家，可參考**本章FAQ 7**所列因素選任之。

8.2.4 審議委員會之審議流程與決議

■ 審議委員會開會審議相關事項時，成員應親自或視訊出席，不得代理出席，並且就議案明確表示同意或反對，不能保留。

■ 審議委員會之審議結果應經全體委員二分之一以上同意，並將查證情形、審議委員同意或反對之明確意見及其所持理由提報董事會。

■ 審議委員會成員應注意保密，在訊息公開前不能對外洩漏公開收購相關資訊，亦不得自行或利用他人名義買賣與公開收購案相關之所有公司股票、其他具有股權性質之有價證券或其衍生性商品。

FAQ 15

審議委員會之審議流程有何特殊之處？

答 由於併購與公開收購影響股東與公司利益甚鉅，審議委員會採取較為嚴格之審議流程規範。

審議委員會與併購時之審計委員會開會時，成員應親自或視訊出席，不得代理出席，並且就議案必須明確表示同意或反對，不能保留。

案例分析 8-4

A、B兩家上市公司為同業，且為國內市場佔有率前兩大的公司。A公司在未告知B公司的情況下，宣布將以每股新台幣（以下同）45元現金公開收購B公司33%之股權，根據公開收購說明書記載，此次公開收購純屬財務性投資，A公司不會介入B公司之經營，但希望藉此加強兩家公司未來的合作。

B公司管理階層認為，A公司刻意選在公司股價受景氣影響的低檔時期進行公開收購，所提出的公開收購價格過低，且A公司為同業，其收購B公司股票的動機不明，於是請審議委員會與董事會建議股東不要應賣，同時應與C公司洽談股份交換，以防禦A公司之進攻。

經B公司管理階層與C公司洽商，雙方達成初步共識如下：B、C兩家公司各自發行新股給對方公司，C公司取得B公司增資後30%之股權，B公司取得C公司增資後5%之股權。同時，為進行股份交換，B公司必須召開股東會修改公司章程以提高章程之授權資本額以及轉投資上限，經營團隊建議的股東會召開時間，將使A公司於公開收購取得之B公司股份，因股東會閉鎖期之規定而無法出席。

B、C兩家擬進行股份交換之方案曝光後，A公司出面喊話，B、C兩家公司的股份交換，若以當時市價換算，B公司約以每股40元進行此一交易，

比其所提出的每股45元還低，因此呼籲B公司股東參與其所提出的公開收購。

B公司董事會依法組成審議委員會審查公開收購相關事宜，並作成是否建議股東應賣的決議，又股份交換涉及有價證券之發行，依證券交易法之規定，亦屬審計委員會之審議事項。

答 獨立董事於相關審議中，應考慮以下四個面向：

(1) 董事執行職務應盡善良管理人之注意義務與忠實義務

公司法第 8 條及第 23 條規定，董事執行職務時應盡善良管理人之注意義務與忠實義務。其具體行為標準為：董事於執行業務時應施以足夠的注意力，程度同一般理性、謹慎的專業人士於相同職位及情況所應有的注意義務，在為相關審議時，應在資訊充分的情況下，透過分析、討論、詢問，考量可能的利弊得失與風險後才作成決定；同時，不能利用其地位，圖謀自己利益而犧牲公司及大多數股東利益，應竭盡所能地謀求公司最大利益。

本案例中，B 公司獨立董事無論是在審議委員會中審議是否建議股東參與 A 公司之公開收購，或者獨立董事於審計委員會中審議是否為股份交換計畫的新股發行，或者獨立董事於董事會中決定何時召開股東會等，都需要盡職履行忠實義務與注意義務。尤其在面對非合意併購時，獨立董事往往必須在資訊有限、時間緊迫，且各方意見分歧且衝突的情況下做成決定，對於獨立董事而言，是相當高的挑戰。

(2) 公開收購事項之審議

依相關法令，B 公司之審議委員會應查證與審議公開收購人之身分與財務情況、收購條件公平性，及收購資金來源合理性，並就本次收購對股東提供是否參與應賣之建議。公開收購相關事項應如何查證以及應考慮的面向，請參見**本章 8.2.3 審議委員會之審議事項 [國內外實務分享]**。

就本案例而言，由於 A、B 兩家公司為具有競爭關係的同業，B 公司審議委員會還必須考量 A 公司進行公開收購的目的對於公司客戶關係、業務與員工安排等層面的影響，以及公平交易法等法令關於企業結合規定所產生的不確定性。

若考量在全球競爭環境中，雙方未必沒有合作的必要性與可能性，B 公司審議委員會亦可建議董事會與 A 公司進行磋商，透過合作達成提升公司價值、保障股東及利害關係人權益，以及永續經營之目的。

(3) 股份交換作為防禦措施之審議

近年來我國非合意併購案件越來越多，實務運作中也常見目標公司採行防禦措施捍衛經營權，本案例中的股份交換就是常見的防禦措施之一。由於非合意併購時，各方利益衝突劇烈，任一方的行為都可能引發他方的反制，甚或提起訴訟，而我國司法實務對於董事會採行防禦措施尚未建立明確之行為標準，可謂各方壓力紛至。美國德拉瓦州為數甚多的法院判決，或可提供審議委員會執行職務時之參考。

德拉瓦州法院於 Unocal 案 (493 A.2d 946 (Del. 1985)) 認為，董事會若採行防禦措施，必須通過兩階段審查：

第一階段為合理性審查：即董事經過善意且合理的調查，合理相信非合意收購將有害於公司長期經營或政策（例如應審酌非合意併購的要約價格是否合理、要約的性質與時間點是否涉及不法行為、非合意併購對於股東及利害關係人之影響為何、非合意併購是否存在無法完成交易的可能性等）。

第二階段為比例性審查：即董事之防禦措施手段不能逾越比例性，不可對股東產生壓迫。

美國法院採取嚴格標準檢視董事採行防禦措施之理由有二：第一，董事在任何時候都應追求公司最大的利益，而非自身利益；第二，面對非合意併購，董事可能因為擔心喪失經營權，更有動機追求自身利益

而忽略公司與股東利益。

為避免相關防禦措施之採行受到質疑，審議委員會可參考前述美國法院判決，善盡合理調查，並考量非合意併購對於公司整體利益與對相關利害關係人之影響。本案例以「股份交換」作為防禦手段，是實務上常見的作法，委員會審議時，宜考慮以下面向：

- 防禦措施是否符合公司營運之長期策略目標。

- 對進行股份交換的標的公司是否為盡職調查、查核報告是否詳實。

- 換股比例是否合理，是否委任獨立外部專家提供意見。

- 對股東及利害關係人之影響為何。

- 有無其他對於公司與利害關係人影響較小的防禦措施，不採用其他措施之原因為何。

是否採行防禦措施涉及的層面很廣，委員會若有疑慮，宜徵詢外部專家意見，或於會議中明確表達，並載明於會議紀錄。

本案例中，審議委員會應可事先料到，股東對於 B 公司與 C 公司的股份交換價格可能會引發股東疑慮，因此審議時，應要求管理階層詳細說明股份交換計畫的必要性、方案之內容、換股價格的合理性，以及對於公司及重要利害關係人之影響，並且在股東會揭露重要資訊，以利股東做出適當的決定。

(4) 股東會的召開時間與閉鎖期

本案例中，管理階層建議股東會召開的時間，將使 A 公司由公開收購取得的股份，無法出席與表決。這是因為公司法規定，公開發行公司股東名簿記載之變更，在股東臨時會開會前三十日內，不得為之。換言之，若 B 公司的股東臨時會於 10 月 15 日召開，則在 9 月 15 日後取得 B 公司股份之股東，就無法出席該次股東會，也就是說，若 A 公司公開收購的過戶日晚於 9 月 15 日，A 公司因公開收購取得之 B 公

司之股票，均無法出席 B 公司股東會。

股東會開會日期之決定雖無須經審議委員會審議，而由董事會決議，但獨立董事作為董事會成員，於審議時仍應注意股東會召開之適法性。

我國曾有法院裁定認為，股東會閉鎖期制度乃公司法之規定，因此駁回經營權爭奪中，市場派向法院提出禁止公司利用閉鎖期排除股東出席之股東臨時會的聲請。

但若董事會於決定股東會開會日期時，已明知股東會日期的選定將導致相當比例之股東無法出席股東會，難免引發外界質疑公司是否為鞏固經營權，藉此剝奪特定股東出席股東會之權利。

美國德拉瓦州 Schnell v. Chris-Craft (285 A.2d 437,439 (Del. 1971)) 一案，Chris-Craft 董事會在面臨經營權爭奪之際，修改公司規章 (bylaw)，將原定的股東會開會日期提前五周召開，開會地點也移往偏遠地點，市場派股東於是向法院請求禁止公司提前召開股東會。德拉瓦州衡平法院以修改公司規章符合法律程序為由，駁回股東請求，但德拉瓦州最高法院指出，董事依法雖有權修改公司規章，但若此舉之目的在鞏固經營權，並實際上造成股東行使權利之妨礙，則非法所允許。

股東出席股東會是股東權的重要內涵，獨立董事應從公司整體利益的角度審酌議案的急迫性以及股東會日期的選定對於股東權行使之影響。

8.3 重要法規、守則與參考範例

本章除參考國內外相關機構之專業出版品外，亦參考我國相關法令、守則及範例。相關法令、守則茲整理如下，讀者請注意法規之更新。

1.	企業併購法
2.	證券交易法
3.	公開發行公司併購特別委員會設置及相關事項辦法
4.	「○○股份有限公司併購特別委員會組織規程」參考範例
5.	併購特別委員會設置相關疑義問答集
6.	公開發行公司取得或處分資產處理準則
7.	有價證券私募制度疑義問答
8.	評價準則公報第二號「職業道德準則」
9.	評價準則公報第四號「評價流程準則」
10.	公開收購公開發行公司有價證券管理辦法
11.	公開收購相關疑義問答

附件 8-1 併購流程圖

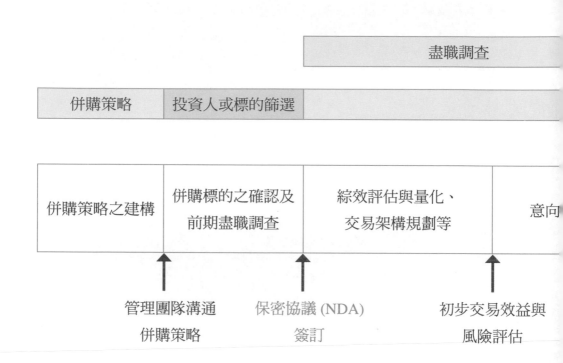

資料來源：勤業眾信聯合會計師事務所

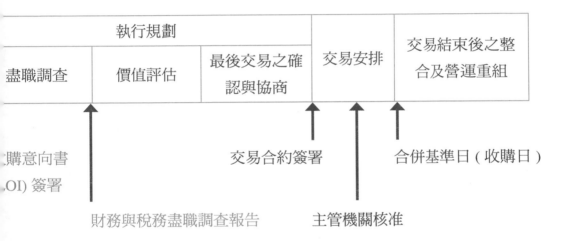

資產接管規劃與執行

併購整合

併購交易執行

執行規劃			交易安排	交易結束後之整合及營運重組
盡職調查	價值評估	最後交易之確認與協商		

收購意向書
(LOI) 簽署

交易合約簽署

合併基準日 (收購日)

財務與稅務盡職調查報告　　　主管機關核准

監督執行併購後的整合

諮詢外部專業意見，向董事會提出報告	併購整合

經營團隊 / 專案團隊

董事會　　　股東會

附件 8-2 公開收購流程圖

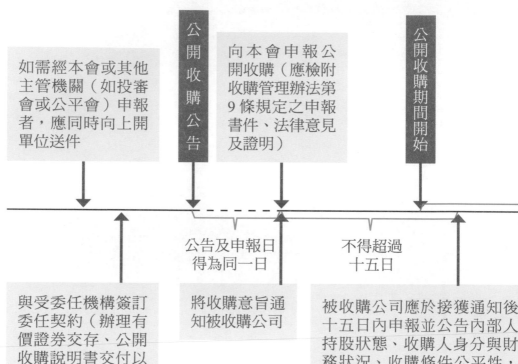

如需經本會或其他主管機關（如投審會或公平會）申報者，應同時向上開單位送件

公開收購公告

向本會申報公開收購（應檢附收購管理辦法第9條規定之申報書件、法律意見及證明）

公開收購期間開始

公告及申報日得為同一日

不得超過十五日

與受委任機構簽訂委任契約（辦理有價證券交存、公開收購說明書交付以及價款之收付）

將收購意旨通知被收購公司

被收購公司應於接獲通知後十五日內申報並公告內部人持股狀態、收購人身分與財務狀況、收購條件公平性，及收購資金來源合理性查證情形、本次收購對股東之建議、被收購公司財務狀況以及內部人暨其關係人持有公開收購人之股份。另設置審議委員會，十五日內公告對收購人身分與財務狀況，及收購資金來源合理性查證情形，及對其公司股東提供建議之審議結果。

註：公開收購期間屆滿前，應就下列事項於事實發生之日起二日內向本會申報並公告，並副知受委任機構：（1）本次公開收購條件成就前，其他主管機關已核准或申報生效。（2）本次公開收購條件成就。（3）本次收購對價已匯入受任機構名下之公開收購專戶。（4）本次公開收購條件成就後，應賣有價證券數量達預定收購之最高數量。

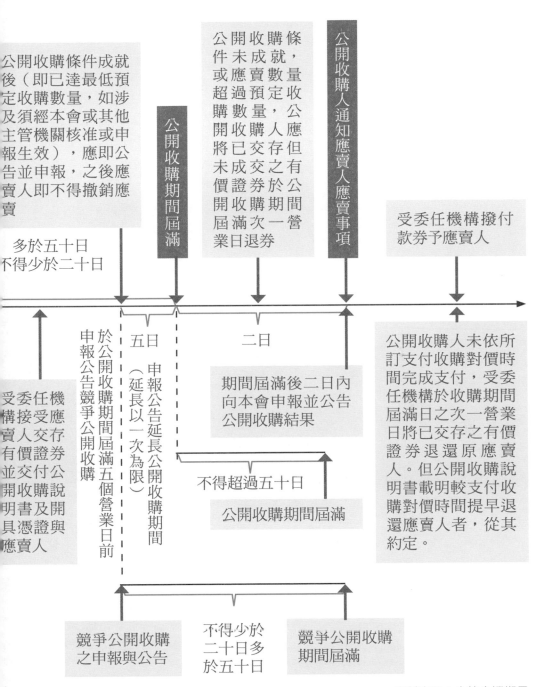

資料來源：金管會證期局

致謝

本書的完成，感謝下列各界學者專家提供寶貴意見。

（以下依姓氏筆畫排列）

推動委員

陳清祥	召集人	社團法人中華公司治理協會 理事長
王　淮	委　員	龍巖股份有限公司 獨立董事
林嬋娟	委　員	國立臺灣大學會計學系 教授
劉文正	委　員	創意電子股份有限公司 獨立董事
羅名威	委　員	眾達國際法律事務所 合夥律師

諮詢委員

林建中	委　員	國立交通大學科技法律研究所 副教授
金玉瑩	委　員	建業法律事務所 主持律師 / 所長
馬秀如	委　員	台灣舞弊防治與鑑識協會 理事長
薛明玲	委　員	財金智慧教育推廣協會 前理事長

作者

朱德芳	編　輯	社團法人中華公司治理協會 監事
馬秀如	編　輯	台灣舞弊防治與鑑識協會 理事長
陳宇紳	編　輯	社團法人中華公司治理協會 監事
廖柏蒼	編　輯	國立政治大學會計學系 博士

校訂顧問

干怡心	財團法人中華民國會計研究發展基金會 董事長
柯承恩	國立臺灣大學會計學系 名譽教授
游瑞德	社團法人中華公司治理協會 秘書長

受訪者

1. 王　　淮　　龍巖股份有限公司及智擎生技製藥股份有限公司　獨立董事
2. 吳世宗　　勤業眾信聯合會計師事務所　執業會計師
3. 吳志豪　　國票金融控股股份有限公司　公司治理長
4. 杜佩玲　　資誠聯合會計師事務所　執業會計師
5. 林佩宸　　元大證券股份有限公司投資銀行業務部　副總經理
6. 林嬋娟　　國立臺灣大學會計系　教授
7. 金玉瑩　　建業法律事務所　主持律師/所長
8. 柯承恩　　國立臺灣大學會計系　名譽教授
9. 洪子晏　　星展(台灣)商業銀行股份有限公司　公司治理長暨董事會秘書
10. 洪秀芬　　東吳大學法學院　教授
11. 徐聖忠　　資誠聯合會計師事務所　執業會計師
12. 張心悌　　國立臺北大學法律學院　教授
13. 梁立凡　　台灣積體電路(股)公司　資深處長
14. 梁華玲　　資誠聯合會計師事務所　執業會計師
15. 陳麗秀　　偉盛聯合會計師事務所　所長
16. 游孟樺　　元大投資銀行業務部　資深經理
17. 游明德　　普華國際財務顧問股份有限公司　董事長
18. 劉文正　　世界先進積體電路股份有限公司　獨立董事
19. 潘家涓　　德勤財務顧問股份有限公司　執行副總經理
20. 賴建宏　　永旭聯合會計師事務所　執業會計師
21. 薛明玲　　元大金融控股股份有限公司　審計委員會召集人
22. 謝璨帆　　澳商澳盛銀行集團股份有限公司　總稽核
23. 鍾鳴遠　　勤業眾信聯合會計師事務所　執業會計師
24. 魏永篤　　永勤興業股份有限公司　董事長
25. 羅名威　　眾達國際法律事務所　合夥律師
26. 蘇瓜藤　　國立政治大學商學院會計系　兼任教授

參考資料目錄

1. 王泮，打造卓越企業—建構健康、動態、領導的董事會 (上)(下)，中華公司治理協會 (2017)

2. 中華公司治理協會，落實獨立董事制度 提升公司治理價值建言集 (2019)

3. 中華公司治理協會，台灣上市櫃公司審計委員會運作狀況 (2019)

4. 林建中，我國獨立董事運作狀況調查，中華公司治理協會 (2018)

5. 林淑芸、金旻珊著，美國 COSO 內部控制相關報告之介紹，證券暨期貨月刊，33 卷 6 期，民 104 年 6 月。

6. 陳清祥，公司治理的十堂必修課，經濟日報 (2019)

7. 劉文正，邁向審計委員會 3.0，中華公司治理協會 (2020)

8. 賴英照，最新證券交易法解析：股市遊戲規則，元照 (2020)

9. 劉連煜，新證券交易法實例研習，元照 (2020)

10. Randy J. Holland 原著，林建中編譯，Randy J. Holland 在台公司法演講集，社團法人中華公司治理協會 (2019)

11. The IIA Research Foundation 原著，鄭桓圭編譯，王怡心校閱，審計委員會的有效性：最佳實務運作，中華民國內部稽核協會 (2013)

12. ABA, The Role of Directors in M&A Transactions: A Governance Handbook for Directors, Management and Advisors (2019)

13. Deloitte, Audit Committee Resource Guide (2018)

14. Guidebook for Audit Committees in Singapore, 2ed (2014)

15. G20/OECD Principles of Corporate Governance (2015)

16. OECD, Guide on Fighting Abusive Related Party Transactions in Asia (2009)

17. KPMG International, Audit Committee Handbook (2017)

18. PWC, Audit Committee Guide (2018)

19. SID Audit Committee Guide (2018)

20. UK FRC- Guidance-on-Audit-Committees (2010)

21. US_Audit Committee Resource Guide_Deloitte (2018)

審計委員會參考指引—協助審計委員會發揮職能與創造價值

發 行 人：陳清祥

編 輯 群：【推動委員】王　淮、林嬋娟、陳清祥、劉文正、羅名威
　　　　　【諮詢委員】林建中、金玉瑩、馬秀如、薛明玲
　　　　　【校訂顧問】王怡心、柯承恩、游瑞德

作　　　者：朱德芳、馬秀如、陳宇紳、廖柏蒼
　　　　　　（按姓名筆畫順序排列）

企 劃 執 行：閻書孝

出 版 單 位：社團法人中華公司治理協會

電　　　話：(02)2368-5465

傳　　　真：(02)2368-5393

網　　　址：www.cga.org.tw

地　　　址：台北市羅斯福路三段 156 號 4 樓

設　　　製：士詠藝術

電　　　話：(02)2972-4499

出 版 日 期：中華民國 109 年 12 月

版　　　次：初版

定　　　價：新台幣 1200 元

I S B N：978-986-99738-0-9